GO! 認識我

寶石礦物大探索

「寶石的一切」編輯室／著
童小芳／譯

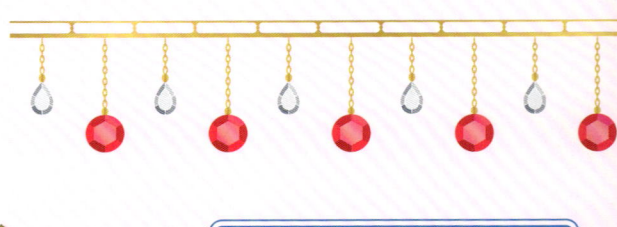

目次

寶石的主要生產國	4
本書的閱覽方式	6

寶石的誕生、種類與選別基準

寶石的誕生、種類與選別基準

美麗的天然礦物:「寶石」	8
寶石產自何處?	10
岩石的類型可大致分為三大類	12
各種寶石的分類基準為何?	14

五大寶石

鑽石（Diamond，金剛石）	18
紅寶石（Ruby，剛玉、紅玉）	22
祖母綠（Emerald，綠柱石、翠玉）	26
藍寶石（Sapphire，剛玉、青玉）	30
珍珠（Pearl）	34

專欄 1

東方與西方對寶石的價值標準各異？	38

迷人的各種寶石 1 等軸晶系

鎂鋁榴石（Pyrope Garnet，苦礬柘榴石）	40
尖晶石（Spinel）	44
螢石（Fluorite）	46
蘇打石（Sodalite，方鈉石）	48

專欄 2

寶石鑑別會進行哪些項目？	50

迷人的各種寶石 2 三方晶系

紫水晶（Amethyst）	52
白水晶（Rock Crystal）	56
方解石（Calcite）	58
赤鐵礦（Hematite）	60
硃砂（Cinnabar，辰砂）	62

專欄 3

呈現寶石之美的切割技法	64

迷人的各種寶石 3 斜方晶系

拓帕石（Topaz，黃玉）	66
橄欖石（Peridot，Olivine）	70
紅柱石（Andalusite）	72
亞歷山大變色石（Alexandrite）	74
菫青石（Iolite）	76

專欄 4

1月〜6月的誕生石	78

迷人的各種寶石4 單斜晶系

翡翠（Jadeite，輝石、硬玉）	80
軟玉（Nephrite）	84
月光石（Moonstone，月長石）	86
孔雀石（Malachite）	88
虎眼石（Tiger's eye）	90
蛇紋石（Serpentine）	92
綠簾石（Epidote）	94
石膏（Gypsum）	96
雲母（Mica）	98

專欄 5
7月～12月的誕生石　　　　　　100

迷人的各種寶石5 六方晶系

碧璽（Tourmaline，電氣石）	102
海藍寶石（Aquamarine，藍柱石）	106
瑪瑙（Agate）	108
玉髓（Chalcedony）	110
舒俱徠石（Sugilite，杉石）	112
珊瑚（Coral）	114

專欄 6
化為寶石的各種生物　　　　　　116

迷人的各種寶石6 正方晶系、三斜晶系

鋯石（Zircon，風信子石）	118
綠松石（Turquoise，土耳其石）	122

專欄 7
仿寶石：「合成石」、「人造石」　124
與「仿造石」

更多迷人的寶石

蛋白石（Opal）	126
青金石（Lapis Lazuli）	130
琥珀（Amber）	132
沸石（Zeolite）	134
斑彩石（Ammolite，菊石）	136

展示寶石、礦物與岩石的博物館	138
索引	140

寶石產自世界各地，但並非處處皆有產出，甚至產地還會依寶石不同而有所限制。那麼接下來一起來看看哪些國家生產哪些寶石吧。此處所介紹的是常見的寶石及主要的生產國。

本書的閱覽方式

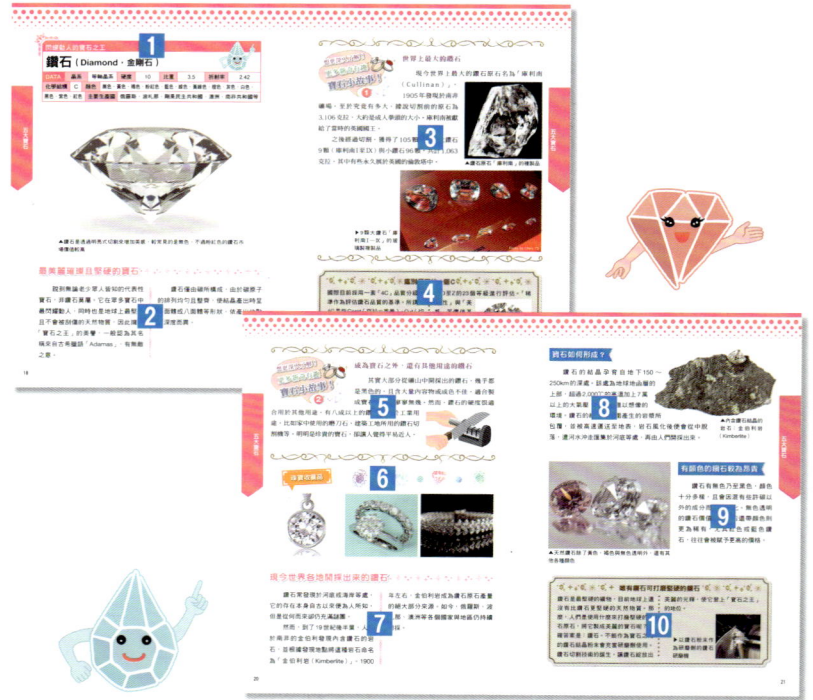

1 礦物的各種資料

介紹晶系、硬度、組成該物質的元素、用以表示化合物等化學成分之比例等的化學結構，以及礦物的資料與主要生產國。

2・7 寶石基礎知識

介紹該寶石的名稱由來、特色、魅力與相關傳說等。

3・5 深入介紹寶石資訊

針對該寶石介紹更深度的資訊。

4・10 寶石的相關故事

介紹與該寶石相關的小故事或小知識等。

6 各種美麗的寶石

登載各種美麗而賞心悅目的珠寶照片。

8 結晶是如何形成的？

介紹結晶在打磨成美麗的寶石前，是在何處、如何形成的。

9 寶石的顏色與發光方式

介紹該寶石呈現哪些顏色、光澤等。

寶石的誕生、種類與選別基準

寶石是根據各種標準從眾多礦物中
挑選出的特殊之物。我們所看到的寶石
都是經過打磨、切割而閃耀著美麗的光芒。
首先，讓我們一起來看看
寶石是如何誕生以及有哪些標準吧。

寶石的誕生、種類與選別基準

各種「寶石」總是熠熠生輝,無論在哪個時代都憑藉其美麗令人如痴如醉。我們所說的寶石究竟是什麼呢?就讓我們先來了解一下寶石的基礎知識吧。

美麗的天然礦物:「寶石」

什麼樣的石頭可以稱作寶石?

根據全球通用的定義,所謂的寶石極其稀有且美麗,進一步根據硬度標準來說,寶石是指摩氏硬度(分為1至10級)高於7級的天然礦物。礦物是指在地球上自然生成的岩石,或是形成石子的顆粒。其中成長為大顆粒的則會化作寶石。

然而,地球上的礦物約有5,000種,其中僅有100種左右被視為寶石而經過加工。此外,摩氏硬度低於7級的蛋白石、珍珠、珊瑚等則因為美麗及稀缺性而破例視為寶石處理。寶石主要是指天然礦物中的無機結晶,不過像石榴石等多種無機的固溶體、蛋白石等非晶質、珍珠等由生物所產生的物質,一般也會稱作寶石。

什麼樣的礦物會形成可化作寶石的結晶？

　　岩漿在地底深處冷卻並凝固所形成的岩石稱為花崗岩。這些花崗岩中含有灰色、白色或黑色等顆粒，每一顆都是構成花崗岩的礦物。無色乃至灰色半透明的顆粒稱為「石英」，偏白的顆粒會稱為「長石」，黑色的顆粒則稱作「雲母」。

　　這些基礎成分會熔解於岩漿之中，隨著岩漿逐漸冷卻而一點一點化為結晶並形成顆粒，花崗岩便是由這些顆粒聚集而成。

▶花崗岩

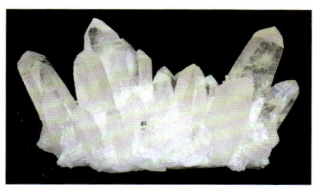
▲石英

▲長石

▲雲母

寶石是如何形成的？

　　大多數寶石的結晶是形成於岩石內部。這些結晶是從人工挖掘出來的岩石中提取而出，但有些情況下是岩石遭風雨侵蝕，使晶體自然地從岩石中脫落並由水流搬運至河底堆積。

　　從岩石中取出的結晶經過精細的打磨後，搖身一變成為寶石。

▲打磨前的結晶

寶石的誕生、種類與選別基準

寶石產自何處？

形成於地函或地殼的寶石

寶石是在何處、如何形成的呢？寶石內含於岩石之中，因此形成岩石的地方即為寶石的誕生地。地球由中心往外，是由內核、外核、下地函、上地函及我們所生活的地殼所組成。

地殼由堅硬的岩石所構成，溫度隨著靠近地球中心而升高，岩石會融化為黏稠狀，不過礦物或岩石是於地

形成礦床的主要地點

漂砂礦床
由水流搬運之礦物的聚集地。

火山岩
（玄武岩、安山岩等）

岩漿

沉積岩（泥岩、燧石、石灰岩等）

岩漿礦床
在岩漿冷卻凝固的過程中，比重較大的礦物聚集所形成之地。

深成岩（花崗岩）

偉晶岩
岩漿凝固初期，矽酸鹽大量熔解時，流動性會變高而使其中的礦物大幅成長。

函或地殼形成的，寶石則是從礦物等物質聚集的「礦床」開採出來的。

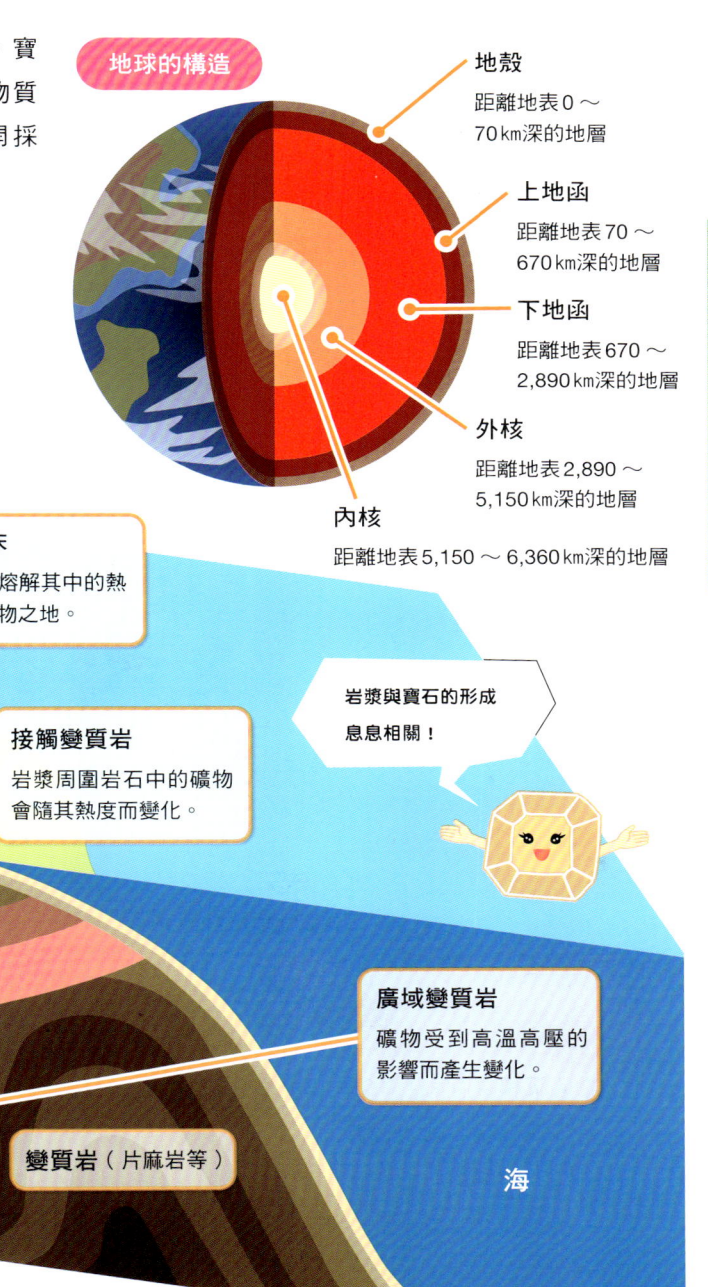

地球的構造

地殼
距離地表 0～70km 深的地層

上地函
距離地表 70～670km 深的地層

下地函
距離地表 670～2,890km 深的地層

外核
距離地表 2,890～5,150km 深的地層

內核
距離地表 5,150～6,360km 深的地層

寶石的誕生、種類與選別基準

熱液礦床
礦物成分熔解其中的熱液形成礦物之地。

接觸變質岩
岩漿周圍岩石中的礦物會隨其熱度而變化。

岩漿與寶石的形成息息相關！

廣域變質岩
礦物受到高溫高壓的影響而產生變化。

變質岩（片麻岩等）

海

11

岩石的類型可大致分為三大類

火成岩、沉積岩與變質岩

　　構成地球的地殼的岩石可大致分為三大類，分別稱作火成岩、沉積岩與變質岩。火成岩又可分為岩漿在地表或地下淺層處急遽冷卻凝固所形成的火山岩，以及在地底深處緩慢冷卻凝固而成的深成岩。

　　沉積岩是露出地表的岩石因為風化等碎裂而成的砂屑物（碎片或粒子）於海洋或河川底部堆積並硬化而成的岩石。另一種則是原始岩石（母岩）因高溫或高壓的環境產生變化所形成，稱作變質岩。

　　這三種岩石會隨著地球的運動產生變化，從火成岩變成沉積岩、從沉積岩轉變為變質岩，再從變質岩變成火成岩，根據狀況不斷轉變型態。

寶石的誕生、種類與選別基準

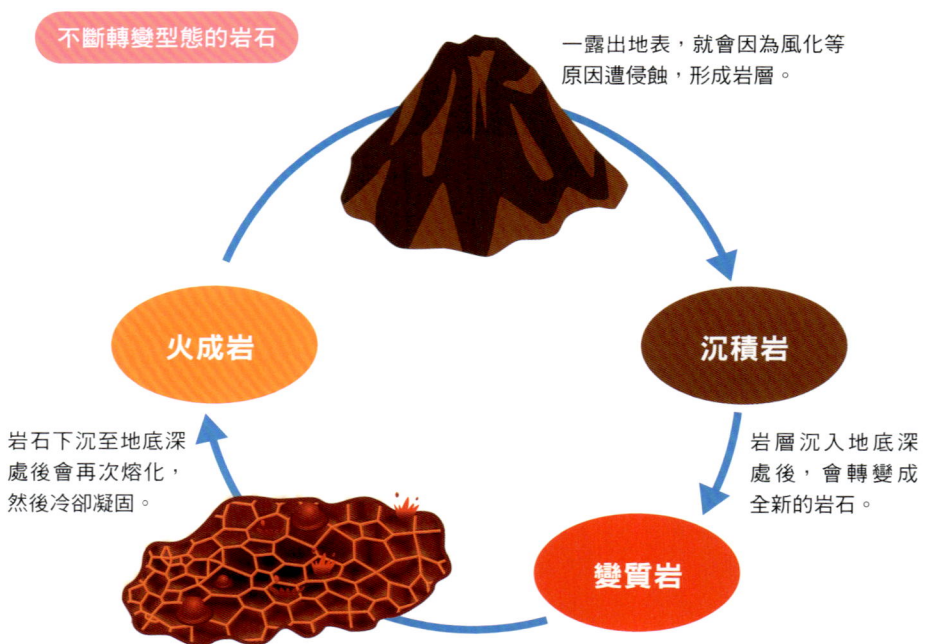

不斷轉變型態的岩石

一露出地表，就會因為風化等原因遭侵蝕，形成岩層。

岩層沉入地底深處後，會轉變成全新的岩石。

岩石下沉至地底深處後會再次熔化，然後冷卻凝固。

火成岩　　沉積岩　　變質岩

12

歸屬於火成岩、沉積岩或變質岩的岩石

❶ 火成岩

- **火山岩（玄武岩・安山岩・流紋岩）**

根據岩石總成分中 SiO_2 的含量，可分為玄武岩（45～52%）、安山岩（52～66%）與流紋岩（66%以上），不過有些範圍的定義會有所不同，請格外留意。

玄武岩　安山岩　流紋岩

- **深成岩（輝長岩・閃綠岩・花崗岩）**

與火山岩一樣，根據 SiO_2 的含量可分為輝長岩（45～52%）、閃綠岩（52～66%）與花崗岩（66%以上），不過範圍還有其他定義，請格外留意。

輝長岩　閃綠岩　花崗岩

❷ 沉積岩

- **泥岩・砂岩・礫岩**

砂屑物（碎片或粒子）堆積時，有時會依顆粒大而分成層狀。這些會化作沉積岩，按顆粒由小至大依序稱為泥岩、砂岩與礫岩。

泥岩　砂岩　礫岩

- **石灰岩・燧石・凝灰岩**

石灰岩是由珊瑚或紡錘蟲等，燧石是由放射蟲等，兩者皆是生物遺骸或化學沉澱物不斷堆積凝固而成；凝灰岩則是火山灰堆積硬化而成。

石灰岩　燧石　凝灰岩

❸ 變質岩

- **廣域變質岩（結晶片岩・片麻岩）**

結晶片岩是因往特定方向的高壓在廣大範圍內作用於岩石上（廣域變質作用）所形成。若因高溫而進一步發生變質，則會變成具有條紋構造的片麻岩。

結晶片岩　片麻岩

- **接觸變質岩（角頁岩・大理石）**

岩漿進入岩石內後，接觸到的母岩會承受高溫的接觸變質作用。泥岩與砂岩等經過加熱後會形成角頁岩，石灰岩經過加熱則變成大理石。

角頁岩　大理石

寶石的誕生、種類與選別基準

各種寶石的分類基準為何？

寶石的各種基準分類

寶石與礦物會根據各種基準分門別類，這些基準包括：經過精細打磨之前的結晶形狀、結晶所含的成分，甚至是硬度與顏色等條件，皆依據該種寶石或礦物所具備的性質加以分門別類。

按晶系分類

能稱為寶石的，大部分既是礦物，亦是晶體（結晶）。結晶的形狀規整，由平坦的表面所包圍。構成寶石或礦物的最小單位稱為「原子」，而這些原子整齊排列使結晶呈規整的形狀。

1669 年，丹麥的科學家尼古拉斯·斯坦諾發現了結晶的「面角守恆定律」，即結晶各個面所形成的角度取決於類型。後來隨著晶體學的研究有所進展，人們發現寶石與礦物可根據晶體的形狀或結構分成幾種類別。這就是所謂的「晶系」，可分為七大家族。

等軸晶系
三條晶軸長度相等且彼此垂直相交。

單斜晶系
有長度各異的三條晶軸，其中兩軸彼此斜交，第三軸則與之垂直相交。

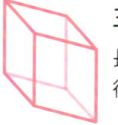

三斜晶系
長度各異的三條晶軸彼此斜交。

三方晶系
長度相等的三條對稱軸彼此 120 度相交，另有結晶軸與其交會點上的一條垂直軸相交。

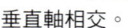

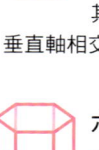

六方晶系
長度相等的三條晶軸於同一個平面上彼此 120 度相交，另有結晶軸與這三軸垂直相交。

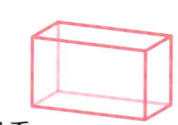

斜方晶系
長度各異的三條晶軸彼此垂直相交。

正方晶系
彼此垂直相交的三條晶軸中，有兩軸等長，僅上下軸的長度各異。

按硬度分類

「硬度」是以數值來表示寶石與礦物有多硬。距今200多年前，德國的礦物學家摩斯（Frederich Mohs）構思出1至10的整數值並設定分別與之對應的10種標準礦物，即所謂的摩氏硬度。摩氏硬度的標準並非以「敲擊後是否會破碎」判斷，而是指「用某物刮擦時形成刮痕的難易度」。

至於摩氏硬度的測量方式，舉例來說，以礦物A與硬度6的正長石互相摩擦，若兩者皆有刮痕，則A的摩氏硬度即為6，若只有A有刮痕，即可知A比硬度6的正長石還要軟，硬度值更小。

摩氏硬度的標準礦物

摩氏硬度1
滑石（Talc）
最軟，用指甲即可輕易刮傷。

摩氏硬度2
石膏（Gypsum）
用指甲刮擦即可勉強刮傷。

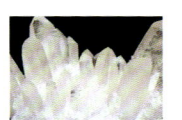

摩氏硬度3
方解石（Calcite）
用硬幣刮擦即可勉強刮傷。

摩氏硬度4
螢石（Fluorite）
用刀刃即可輕鬆刮傷。

摩氏硬度5
磷灰石（Apatite）
用刀刃可勉強刮傷。

摩氏硬度6
正長石
（Orthoclase）
用刀刃無法刮傷。

摩氏硬度7
石英（Quartz）
可刮傷玻璃或鋼鐵。

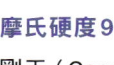

摩氏硬度8
黃玉（Topaz）
可刮傷摩氏硬度7的石英。

摩氏硬度9
剛玉（Corundum）
可刮傷摩氏硬度7的石英與摩氏硬度8的黃玉。

摩氏硬度10
金剛石（鑽石）
地球上的礦物中最硬，而且可刮傷摩氏硬度9的剛玉。

按成分分類

「化學結構」是顯示該寶石或礦物中所含的元素或化合物等化學成分的含量比例。

元素的類別使用了元素符號，根據共同成分可分為九大類：元素礦物、硫化礦物、氧化礦物、鹵化礦物，以及五種氧鹽礦物。

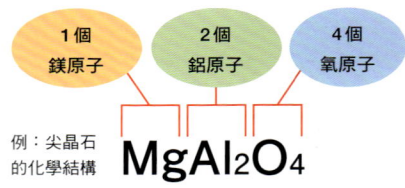

例：尖晶石的化學結構 $MgAl_2O_4$

- 1個鎂原子
- 2個鋁原子
- 4個氧原子

按顏色分類

有時即便是同一類型的寶石或礦物，結晶狀與粉末狀的顏色仍有所不同。這是因為結晶狀態下會受到光澤等影響，可能與原本顏色不同。

礦物磨成粉末時的顏色稱為條痕，可以將結晶在條痕板上摩擦確認粉末狀態下的顏色，例如，赤鐵礦（Hematite）為黑色塊狀物，條痕為紅色；黃鐵礦的條痕色黑中帶綠，祖母綠或藍寶石的條狀則會是白色。

▶ 以結晶摩擦條痕板判斷條痕（粉末）顏色

Photo by Ra'ike

按切割方式分類

寶石或礦物皆具有容易沿著某個特定方向裂開的性質，此即所謂的「解理」。沿此裂開的面或容易發生解理的面稱作「解理面」，區分為「完全解理」、「中等解理」、「不完全解理」、「無解理」等，愈接近「完全解理」的礦物愈容易斷裂。

解理的方向取決於類型，因此成為辨別寶石的線索之一。

- 解理面極其完整…方解石、雲母（Mica）等
- 解理面完整…鑽石、拓帕石等
- 解理面良好…氟磷錳石、長石等
- 解理面清晰…榍石、方柱石等
- 解理面不清晰…綠柱石、石英等

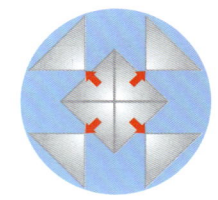

以鑽石為例，會往四個方向完美地裂開。

五大寶石

在5,000種左右的礦物中，能成為寶石的約有100種。
其中譽為「五大寶石」的是
鑽石、紅寶石、祖母綠、藍寶石，
還有一種是珍珠，不過這個會依國家而異。
讓我們先從這些較具代表性的寶石逐一探究一番。

閃耀動人的寶石之王
鑽石（Diamond，金剛石）

DATA	晶系	等軸晶系	硬度	10	比重	3.5	折射率	2.42
化學結構	C	顏色	無色、黃色、褐色、粉紅色、藍色、綠色、黃綠色、橙色、灰色、白色、黑色、紫色、紅色					
主要生產國	俄羅斯、波札那、剛果民主共和國、澳洲、南非共和國等							

五大寶石

▲鑽石是透過明亮式切割來增加美感。較常見的是無色，不過粉紅色的鑽石市場價值較高

最美麗璀璨且堅硬的寶石

　　說到無論老少眾人皆知的代表性寶石，非鑽石莫屬。它在眾多寶石中最閃耀動人，同時也是地球上最堅硬且不會被刮傷的天然物質，因此擁有「寶石之王」的美譽，一般認為其名稱來自古希臘語「Adamas」，有無敵之意。

　　鑽石僅由碳所構成，由於碳原子的排列均勻且整齊，使結晶產出時呈六面體或八面體等形狀，依產出地點的深度而異。

想更深入了解！更多新奇有趣寶石小故事！❶

世界上最大的鑽石

現今世界上最大的鑽石原石名為「庫利南（Cullinan）」，1905年發現於南非礦場。至於究竟有多大，據說切割前的原石為3,106克拉，大約是成人拳頭的大小。庫利南被獻給了當時的英國國王。

之後經過切割，獲得了105顆寶石，大鑽石9顆（庫利南Ⅰ至Ⅸ）與小鑽石96顆，共計1,063克拉。其中有些永久展於英國的倫敦塔中。

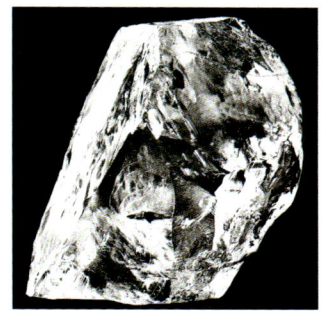

▲鑽石原石「庫利南」的複製品

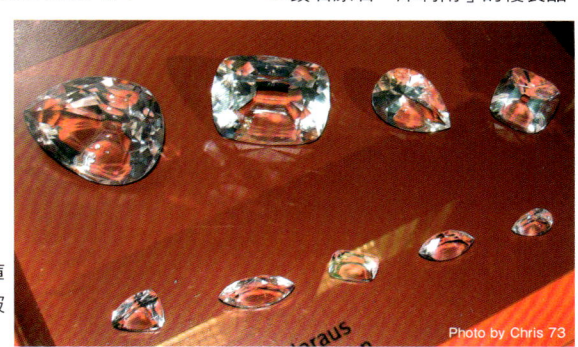

▶9顆大鑽石「庫利南Ⅰ—Ⅸ」的玻璃製複製品

Photo by Chris 73

鑑別鑽石的4個C

國際目前採用一套「4C」品質分級標準作為評估鑽石品質的基準。所謂的4C是指Carat（克拉＝重量）、Cut（切工＝研磨）、Color（成色＝顏色）與Clarity（淨度＝透明度）。在切割方面，以形狀與精細加工作為評估項目，分為五個等級，無色為最高級，按D至Z的23個等級進行評估。「稀缺性」與「美感」等價值基準則分別根據4C品質分級標準進行評估。

成為寶石之外,還有其他用途的鑽石

其實大部分從礦山中開採出的鑽石,幾乎都是黑色的,且含大量內容物或成色不佳,適合製成寶石的比例寥寥無幾。然而,鑽石的硬度很適合用於其他用途,有八成以上的鑽石被用於工業用途。比如家中使用的磨刀石、建築工地所用的鑽石切割機等。明明是珍貴的寶石,卻讓人覺得平易近人。

珠寶收藏品

現今世界各地開採出來的鑽石

　　鑽石常發現於河底或海岸等處,它的存在本身自古以來便為人所知,但是從何而來卻仍充滿謎團。

　　然而,到了19世紀後半葉,人們於南非的金伯利發現內含鑽石的岩石,並根據發現地點將這種岩石命名為「金伯利岩(Kimberlite)」。1900年左右,金伯利岩成為鑽石原石產量的絕大部分來源。如今,俄羅斯、波札那、澳洲等各個國家與地區仍持續開採。

寶石如何形成？

鑽石的結晶孕育自地下150～250km的深處。該處為地球地函層的上部，超過2,000℃的高溫加上7萬以上的大氣壓，是令人難以想像的環境。鑽石的結晶被周圍產生的岩漿所包覆，並被高速運送至地表，岩石風化後便會從中脫落，遭河水沖走匯集於河底等處，再由人們開採出來。

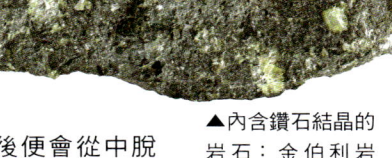

▲內含鑽石結晶的岩石：金伯利岩（Kimberlite）

有顏色的鑽石較為昂貴

鑽石有無色乃至黑色，顏色十分多樣，且會因混有些許碳以外的成分而產生變化。無色透明的鑽石價值較高，若還帶顏色則更為稀有，尤其紅色或藍色鑽石，往往會被賦予更高的價格。

▲天然鑽石除了黃色、褐色與無色透明外，還有其他各種顏色

五大寶石

唯有鑽石可打磨堅硬的鑽石

鑽石是最堅硬的礦物，目前地球上還沒有比鑽石更堅硬的天然物質。那麼，人們是使用什麼來打磨堅硬的鑽石原石，將它製成美麗的寶石呢？正確答案是：鑽石。不能作為寶石之用的鑽石結晶粉末會充當研磨劑使用。鑽石切割技術的誕生，讓鑽石綻放出美麗的光輝，使它登上「寶石之王」的地位。

▶以鑽石粉末作為研磨劑的鑽石研磨機

21

熱情而美麗的紅色光輝
紅寶石（Ruby，剛玉、紅玉）

DATA	晶系	三方晶系	硬度	9	比重	4.0～4.1	折射率	1.76～1.77
化學結構	Al_2O_3		顏色	略帶紅色或紫色				
主要生產國	緬甸、泰國、柬埔寨、斯里蘭卡、越南、莫三比克等							

▲紅寶石如火焰般的紅色光輝美麗不已

散發紅色光芒的稀有寶石

說到綻放美麗紅色光輝的寶石，最具代表性的便是紅寶石。它的名稱源自拉丁語「Ruber」，意指紅色。紅寶石會對各種性質的光線產生反應而散發出紅光。比如試著接觸陽光，便會綻放出如火焰燃燒般的紅色光芒。

據說紅寶石的稀缺性高於鑽石。在過去60年左右期間，每個月都有發現新的鑽石礦床，卻只在世界各地少數礦山中開採出紅寶石。

想更深入了解！更多新奇有趣寶石小故事！①

依顏色不同而類型各異

紅寶石的類型會依顏色的不同而異，較著名的有「鴿血紅」、「櫻桃紅」與「牛血紅」。

緬甸產的紅寶石主要被稱為「鴿血紅」，特色在於深邃的紅色。越南等地所產的紅寶石是紅寶石中最明亮且透明度高的紅色，接近粉紅色而被稱為「櫻桃紅」。還有泰國產的紅寶石「牛血紅」，特色在於含有大量使藍寶石呈藍色的鐵分，因而呈略黑的沉穩紅色。

五大寶石

櫻桃紅

▶仔細觀察比較，便會發現紅色的深度有所差異

牛血紅

鴿血紅

紅寶石是第一種經人工合成的寶石

1902年，法國的奧古斯德・伐諾伊創造出第一顆人工合成的紅寶石，成為商業用的寶石。他想到的方法是「火焰合成法（伐諾伊焰熔法）」。此法的原理是：從上方一點一點撒下原料的粉末，在經過2,000℃的火焰時這些粉末便會熔化，形成小水滴狀，然後積聚於晶種上，漸漸形成大結晶。這種伐諾伊焰熔法是至今仍在使用的寶石製造方式。

▶肉眼無法與天然寶石區分的合成紅寶石

23

具有星光效應的紅寶石

紅寶石的紅色光輝美麗不已，無論是觀賞者還是佩戴者都為之傾倒。只要以蛋面切割（Cabochon cut）將原石切割成光滑的山形，便會出現六道光芒。這是紅寶石的針狀內含物（inclusion）發揮作用所致。會出現宛如星星降臨般閃閃發光的「星群（Asterism，星光效應）」，因而有「星光紅寶石（Star-Ruby）」之稱。

▶綻放六道浪漫光芒的星光紅寶石

Photo by Aisha Brown

五大寶石

珠寶收藏品

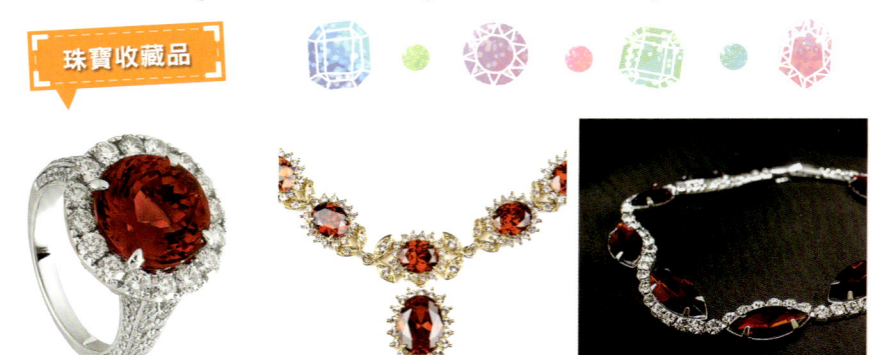

顏色會依雜質比例產生變化

礦物中的紅色剛玉就叫做紅寶石。顏色則是決定該紅寶石價值的最重要因素，據說顏色純淨且鮮豔的紅寶石是最高級的。

此外，紅寶石呈現紅色是因為含有鉻，它是在地底深處歷經數百萬年的漫長歲月而形成，在此過程中，會混有微小雜質（內含物）而形成結晶，因此透明度也是相當重要的因素。只要混入1%左右的鉻，紅寶石就會變成深紅色，隨著鉻含量的比例增加，色澤會漸漸由深紅轉黑，連帶降低其價值。

寶石如何形成？

紅寶石是經由岩漿活動的火成作用，或是有別於岩石最初溫度與壓力而產生變化的變質作用所形成的。接觸岩漿的石灰岩部分的顆粒長大變成大理石時，石灰岩中所含的雜質成分與岩漿中所含的成分會產生反應，從而產生紅寶石。

▲石灰岩與岩漿內所含的成分產生反應，因此孕育出紅寶石的結晶

各式各樣的「紅」寶石

紅寶石的紅色色調與價值都會隨著鉻的含量與比例等而異。一般認為於緬甸開採出來、被稱為「Vision Blood」的深紅色紅寶石為最高級，另外還有紅中帶黑、名為「Oxblood（牛血紅）」的紅寶石。

▲除了深淺不一的紅色外，有些還帶有紫色

產出地點大多位於亞洲地區

問起寶石的生產國時，可能很多人都會想到非洲或南美等。然而，歐美等地並不生產紅寶石，它的原產地多位於亞洲，以緬甸、泰國、柬埔寨、斯里蘭卡與越南等國最為著名。尤其是緬甸，持續產出最高品質的紅寶石，這些美麗的紅寶石不僅吸引寶石愛好者，還被送往世界各地，令無數人為之著迷。

五大寶石

高雅的綠色寶石女王
祖母綠（Emerald，綠柱石、翠玉）

DATA	晶系	六方晶系	硬度	7.5～8	比重	2.67～2.78	折射率	1.56～1.60
化學結構	$Al_2Be_3[Si_6O_{18}]$		顏色	綠色				
主要生產國	巴西、哥倫比亞、巴基斯坦、俄羅斯、尚比亞、辛巴威等							

五大寶石

▲祖母綠的顏色深淺也會因產地而異

自古以來為大家所熟悉且歷史悠久的寶石

　　祖母綠有著迷人的深綠色澤，以「寶石女王」之姿備受喜愛，是自古以來廣為人知且歷史悠久的寶石。它的名稱源自希臘語「Smaragdos」，意指「綠色的寶石」。考古學已證明，早在西元前4,000年巴比倫人就已有買賣祖母綠。由此可知，埃及的祖母綠歷史已有4,000多年。

　　古埃及人會在象徵繁榮與生命的祖母綠上雕刻意指永恆青春的樹葉圖紋，並與死者合葬。

位於泰王國的祖母綠佛像

位於泰王國的曼谷、俗稱玉佛寺的寺院，亦以祖母綠佛寺之名為人所知。這座佛教寺院之所以會有這樣的名稱，是因為安置於本堂的佛像為祖母綠色。

然而，據說打造佛像本尊的材質並非祖母綠，而是翡翠。祖母綠佛像是於1784年安置於玉佛寺，至今仍會於夏季、雨季與乾季之初由泰國國王親手為佛像換裝，每年3次，這項儀式儼然成了王室的重要例行活動之一。

▶安置於泰王國曼谷一座佛教寺院中的祖母綠佛像

▶位於王宮腹地內，俗稱玉佛寺

五大寶石

克麗奧佩脫拉曾坐擁礦山

據說祖母綠是埃及女王克麗奧佩脫拉喜愛的寶石之一。她不僅會佩戴大量的祖母綠珠寶，還常贈送雕刻著自己肖像的大顆祖母綠給訪問埃及的達官貴人。法國探險家於1818年發現了古埃及的祖母綠礦床。據判該地是克麗奧佩脫拉所擁有的礦山。

有內含物即證明是天然石

混入祖母綠結晶中的內含物（inclusion）或小裂痕等，看起來就像草木繁茂的中庭，因而被稱作「Jardin」，在法語中意指「庭園」。天然的祖母綠基本上都含有液體、固體與氣體等內含物，因此有內含物即證明是天然石。

▲內含物亦成為每顆祖母綠的特色

珠寶收藏品

綠色愈深則價值愈高

祖母綠為綠柱石（Beryl）礦物之一，它獨特的綠色是由微量的鉻、釩等所形成。一般認為，比起透明而顏色淺的，深綠且有光澤的更為高級。

此外，有別於其他綠柱石，祖母綠的結晶裡有內含物（inclusion）或小裂痕的情況並不罕見。這一點對某些寶石而言可能是一種缺點，但這份稀缺性反而提高了祖母綠的價值。不僅如此，一般認為純淨的結晶更是價格不斐。

寶石如何形成？

祖母綠是在經過接觸變質或廣域變質作用所形成的岩石中產生。含有鋁或鈹的岩漿侵入沉入地底深處的岩盤之中，在冷卻過程中形成結晶。此時只要摻雜微量的鉻，便會呈鮮豔的綠色。岩石的成分又分為酸性與鹼性，當這兩種成分相遇，祖母綠就此誕生。

▲祖母綠是一種綠柱石，結晶呈柱狀

顏色深淺與亮度各異

祖母綠的基本色調為綠色。不過雖統稱為「綠色」，深淺與亮度卻各異。淺綠色給人清新而年輕的印象，深綠色則帶給人較為沉穩的感覺，因此根據用途與喜好所挑選的色調也會有所不同。

▲顏色深淺不同的祖母綠，氛圍也會產生變化

五大寶石

日常用語中經常出現的祖母綠

日常用語中常會用到「祖母綠／翠綠」一字，用以表示美麗或鮮豔的綠色等。比如看起來綠中略帶藍色的海洋稱作「翠綠的海洋」，或是形容美麗的眼睛為「祖母綠的眼睛」，成為慣用的讚美之詞。說者可輕鬆向對方傳達視覺上的印象，透過比喻成寶石，還能讓聽者心情愉悅，是一種相當美好的慣用語。

他色型（allochromatic）的寶石

藍寶石（Sapphire，剛玉、青玉）

DATA	晶系	方晶系	硬度	9	比重	3.95～4.03	折射率	1.76～1.78
化學結構	Al_2O_3		顏色	藍色、綠色、黃色、紫色、粉紅色、褐色等多種顏色				
主要生產國	澳洲、柬埔寨、中國、斯里蘭卡、泰國、奈及利亞等							

五大寶石

▲透明的藍色為藍寶石較具代表的顏色

映照出各種天空顏色的寶石

　　Sapphire這個名稱源自拉丁語詞彙「sapphirus」以及希臘語詞彙「sappheiros」，意指藍色。藍寶石（Sapphire）為寶石的名稱，以礦物來說則稱作剛玉（Corundum）。

　　藍寶石的顏色十分多樣，呈現出一天內會變換成各種顏色的天空顏色，因而有著「藍天寶石」或「天空寶石」等浪漫的名稱。若前面沒有加上任何詞彙，通常僅指純藍色的藍寶石，其他顏色的藍寶石則會在前面冠上顏色名，統稱為「彩色藍寶石（Fancy Sapphire）」。

想更深入了解！更多新奇有趣寶石小故事！ ①

藍寶石與紅寶石是兄弟

藍寶石與紅寶石一樣，皆為所謂的剛玉礦物，除了顏色這個重要因素外，並無不同。在剛玉中，紅色的稱為紅寶石，紅色以外（以藍色為代表）的寶石則稱作藍寶石。因此，藍寶石與紅寶石皆是產自同一種礦物的兄弟石。

剛玉會因所含的雜質而呈現出各種顏色，比如含有鉻而呈紅色，含有氧化鐵與二氧化鈦則呈藍色等，分別以不同的寶石形態出現在我們面前。

▲ 藍寶石有各種不同的顏色

▶ 剛玉中唯獨紅色被稱作紅寶石

五大寶石

許多掌權者都會佩戴的寶石

據說摩西的「十誡」便是刻在藍寶石上，宗教上的儀式與神職人員的戒指亦是使用藍寶石。在中世紀，藍寶石又稱為「主教之石」或「幸福之石」，人們認為它具有淨化心靈的力量，因此歐洲很流行在教宗、皇帝或國王等掌權者的王冠上鑲嵌藍寶石。藍寶石所散發出的神祕藍色光輝，直至當代仍令無數人為之著迷。

想更深入了解！更多新奇有趣寶石小故事！❷

耐熱又堅硬，成為人造衛星的一部分

藍寶石既耐熱又堅硬，因此經過人工合成後經常運用於工業。人造衛星的觀測窗便是其中之一。藍寶石板的熔點溫度超過2,000℃、不易破裂且透明度高，因此被用於人造衛星中的特殊觀測專用窗上。除此之外，人工藍寶石還被運用於半導體基板等處。

▲人造衛星觀測窗上的藍寶石，在外太空十分活躍

珠寶收藏品

留下無數傳說的迷人寶石

最近粉色藍寶石等其他顏色的藍寶石頗受青睞，不過傳統上最受喜愛的還是藍色藍寶石。從藍色中較明亮的粉藍色乃至較深的深藍色，分別呈現出別具魅力且獨具個性的顏色。

此外，這也是一種充滿傳奇色彩的寶石。據說古波斯人深信藍寶石是支撐地球的基座的一部分，因反射而使天空呈藍色。除此之外，最早佩戴藍寶石的是在希臘神話中與主神宙斯敵對的普羅米修斯，每一則傳說都神祕不已。

五大寶石

寶石如何形成？

藍寶石與紅寶石一樣，大多是在火成岩或廣域變質岩中形成的。在岩石內以結晶形式成長的過程中，只要混入微量的鐵或鈦，就會變成藍色的藍寶石。亦可採集自漂砂礦床（從露出地表的岩石上脫落的結晶，經水流搬運並聚集於河底等處所形成）。

▲因為鐵或鈦而變藍的藍寶石結晶

藍色以外多別具魅力的顏色

礦物型態的剛玉原本是無色透明的。因為摻雜其中的雜質元素的性質，產生藍色等顏色繽紛的藍寶石。除了一般熟知的藍色藍寶石外，最近橙色與粉紅色的顏色比例幾乎各半的蓮花藍寶石（Padparadscha Sapphire）也頗受歡迎。

▲藍寶石的顏色變化，光是看著就令人心情雀躍

藍寶石亦有星光效應

藍寶石中也有一種名為「藍寶星石（Star Sapphire）」的寶石，與紅寶石一樣會出現六道白色的光芒。內部含有名為Rutile Silk的針狀礦物，是藍寶星石不可或缺的要素。含量過多會導致色調變暗而失去透明感，即便切割也不會產生美麗的光輝。反之，含量少的情況下，光線無法順暢折射，也不會產生星光效應。

▶可看到星形白光的藍寶星石

五大寶石

在任何時代都備受喜愛的亮澤球體
珍珠（Pearl）

DATA	晶系	斜方晶系	硬度	2.5～4.5	比重	2.60～2.85	折射率	1.52～1.66
化學結構	$CaCO_3$		顏色	白色、粉紅色、金色等				
主要生產國	澳洲、中國、印尼、日本、菲律賓等							

▲珍珠是由生物產出的寶石

貝類所創造出的神奇寶石

珍珠並非來自礦物，而是由活貝類所創造出的寶石。珍珠亦是自古以來為人所知的寶石之一，即便是未經打磨的原始形狀也很美麗，因而視為珍貴且有價值之物。古代似乎也有「是月亮的水滴形成的結晶」、「人魚思念戀人所流下的眼淚在海浪中迸散而成」等天馬行空的想法。

此外，珍珠與其他寶石不同，評估標準的4C（克拉、切工、成色與淨度）並不適用，這點十分獨特。珍珠是根據顏色、光澤、表面的透明度、形狀與大小來進行評估。

想更深入了解！更多新奇有趣寶石小故事！❶

什麼樣的貝類會被用於養殖珍珠？

珍珠是在各種貝類中形成的，但是只有六種左右的貝類被用來養殖珍珠，包括凹珠母蛤、大珠母貝、珠母貝等。這些貝類皆稱作珍珠母貝。

日本大多數的養殖珍珠皆是使用凹珠母蛤，為美麗粉紅色「真珍珠」的母貝；大珠母貝是大顆珍珠「南洋珍珠」的母貝，而珠母貝則是產出如孔雀羽毛般美麗的「黑蝶珍珠」的母貝。此外，鮑魚是珍珠母貝中唯一的螺類。

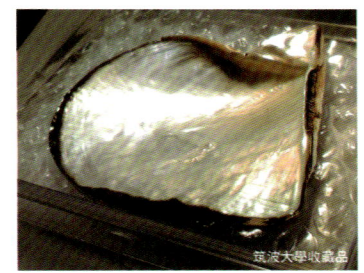

▲在三重縣志摩市養殖的凹珠母蛤

▶珠母貝（左圖）
大珠母貝與珍珠（右圖）

世界上第一個成功養殖出珍珠的日本人

大家知道世界上第一個成功養殖出珍珠的是日本人嗎？這個人便是烏龍麵店老闆的兒子御木本幸吉。凹珠母蛤因為濫捕而瀕臨絕種，當時天然珍珠十分稀少，他是世界上第一個於1893年成功用凹珠母蛤養殖出半圓珍珠的人。之後他又反覆改良養殖技術，於1905年成功養殖出圓形珍珠。

▶養殖的成功使珍珠成為平易近人的存在

五大寶石

珍珠也用於貿易當中

到了彌生時代，日本開始以珍珠的產地之姿為中國所知。在中國史書《三國志》的《魏志倭人傳》中，有「魏國皇帝贈送50斤珍珠給邪馬臺國的卑彌呼、卑彌呼的繼任者壹與贈送5,000顆珍珠給魏國皇帝」的描述。這些珍珠當然是天然的珍珠。被視為珍貴貿易品來使用。

珠寶收藏品

只能採集到相當稀少的天然珍珠

珍珠是生物所製造的，因而又稱作生物礦物（Biomineral）。天然的珍珠十分稀少，目前市面上流通的大多為養殖珍珠。確立養殖技術後，珍珠成為許多人都可以獲得的寶石。

還有一則與克麗奧佩脫拉相關的珍珠傳說。據說在羅馬帝國的將軍安東尼造訪埃及時，克麗奧佩脫拉在舉辦的豪華宴會上碾碎耳環上的珍珠，並放進葡萄酒中一飲而盡。此舉顯示埃及是個擁有巨大財富的國家，並進一步透過一飲而盡來展現自己偌大的權力。

寶石如何形成？

珍珠主要是在雙殼貝中形成的。當異物進入貝殼中，附著在貝殼內側用以形塑外殼而稱作外套膜的肉膜會將進入的異物包裹其中。接著在該異物上面形成一層帶光澤的珍珠層，於貝殼內側形成的突起瘤狀物即為珍珠，此一過程便是所謂的附貝養珠（Blister Pearl）。

顏色會隨著形成條件不同而變化

珍珠的顏色與形狀有時會因為產出珍珠的貝殼顏色或珍珠的產地等而出現差異，有粉紅色、白色、奶油色、藍色、灰色系等，顏色變化十分豐富，形狀也相當獨特。光澤（亮度）亦為重要因素，光澤愈強則光芒愈佳，珍珠的價值也愈高。

▲珍珠是一種明亮且會反射光線的寶石，任何顏色都會展現它獨具特色的光輝
Photo by MASAYUKI KATO

五大寶石

珍珠曾引發紛爭

《東方見聞錄》中紀錄了馬可·波羅曾說過的話。許多讀過這本遊記的人都對珍珠十分嚮往，夢想著在新大陸獲得珍珠。成功橫渡大西洋的探險家哥倫布便是其中一人。他在南美委內瑞拉的海岸發現並得到大量的珍珠。隨後人們蜂擁至委內瑞拉尋求珍貴的珍珠，展開一場場爭奪戰。

▶馬可·波羅的肖像畫

> **專欄1**
東方與西方對寶石的價值標準各異？

　　本章將鑽石、紅寶石、祖母綠、藍寶石與珍珠視為「五大寶石」來介紹，不過珍珠以外的四種寶石被稱作「世界四大寶石」。然而，這是西方賦予的稱號，東方所珍視的寶石與西方有所不同。

▲在西方有「四大寶石」之稱的鑽石、紅寶石、祖母綠與藍寶石

西方的價值標準是基於色彩與美感？

西方與東方在美學上有所不同。西方主要看重寶石的透明感、色彩與寶石的美感等價值。在服飾上以白天較不正式、晚上較華麗為主。或許是因為人們希望藉著白天的光線欣賞寶石的色彩，夜晚則在燈光下欣賞寶石的光輝。

▲在東方有「四大寶石」之稱的珊瑚、翡翠、青金石與珍珠

東方的價值標準是基於風水因素？

在東方有「四大寶石」之稱的四種寶石分別為珊瑚、翡翠、青金石與珍珠，與西方所說的四大寶石有所不同。東方所看重的或許是東方特有的寶石價值，比如低調但別具深度的光輝、自古傳承的石子之力等風水上的要素。

迷人的各種寶石 1
等軸晶系

大部分的寶石皆為晶體，
分別歸屬於七大晶系家族。
等軸晶系是指三條晶軸長度相等
且彼此垂直相交的結晶。
此晶系家族中包括了一般所知的石榴石等寶石。

石榴石家族中的標準
鎂鋁榴石（Pyrope Garnet，苦礬柘榴石）

DATA	晶系	等軸晶系	硬度	7.25	比重	3.47～4.04	折射率	1.73～1.74
化學結構	$Mg_3Al_2[SiO_4]_3$		顏色	紅色、粉紅色、黑色、無色				
主要生產國	南非、美國、澳洲、坦尚尼亞、巴西等							

迷人的各種寶石1 等軸晶系

▲燃燒般的深紅色鎂鋁榴石

深紅色與美麗的光輝

　　石榴石為該家族之統稱，而非單一特定石子的名稱。類型是依所含化學成分等來區分，其中如深紅色玫瑰般的深紅色石榴石被稱為鎂鋁榴石。

　　Pyrope一字源自希臘語詞彙「Pyropos」，有「火」或「燃燒般的」等含意。原為透明的石子，卻因含有鐵、錳、鉻等而散發出紅光。原本就是內含物（inclusion）較少的寶石，透明度愈高則等級愈高。

40

石榴石家族（1） 紅色系

石榴石是這個家族的名稱，類型可大致分為兩大類。其中約有六種大多會視為寶石處理。

兩大類別之一為紅色系，稱為「鋁榴石（Pyralspite）」的家族。除了這裡所介紹的鎂鋁榴石外，鐵鋁榴石（Almandine Garnet）、玫瑰榴石（Rhodolite Garnet）、錳鋁榴石（Spessartine Garnet）等亦屬於鋁榴石。屬於該家族的寶石都含有鋁，因而又稱為「鋁家族」。

▲鐵鋁榴石（左邊為原石）

▶錳鋁榴石

迷人的各種寶石1 等軸晶系

在日本發現的彩虹石榴石

有一種寶石會綻放出彩虹色光輝，因而稱為彩虹石榴石（Rainbow Garnet）。極其稀少，產地也有限，不過2004年於日本奈良縣天川村的川迫礦山與行者還岳發現了這種寶石而成了熱門話題。這是由離鈣鐵榴石很近（含鐵量高）的晶層與離鈣鋁榴石很近（含鋁量高）的晶層互相交疊，因光的干涉現象而產生虹色的光彩效果。

▶奈良縣天川村產的彩虹石榴石結晶

想更深入了解！更多新奇有趣 寶石小故事！❷

石榴石家族（2）綠色系

紅色系以外的另一個石榴石家族，為綠色系的「鈣榴石（Ugrandite）」。此一家族當中包括了鈣鉻榴石（Uvarovite Garnet）、鈣鐵榴石（Andradite Garnet）、鈣鋁榴石（Grossular Garnet）等。相對於紅色系含鋁，歸屬於此家族的寶石皆含有鈣，因而又稱為「鈣家族」。

▲鈣鉻榴石

珠寶收藏品

Photo by the justified sinner

與鑽石也有關係的寶石

16世紀左右，鎂鋁榴石現蹤於現今捷克的波希米亞，自此波希米亞便成了鎂鋁榴石的寶石產業據點。比起全盛時期，如今的採石量雖有減少，卻仍持續產出高品質的寶石。

此外，鎂鋁榴石與鑽石也有密切的關係。據說經常與鑽石一起產出，因而成為探尋鑽石所在地時的辨識標記。這類礦物又稱為「指標礦物」，橄欖石也是另一個例子。

寶石如何形成？

地下100km附近相當於地球的上部地函層，溫度約為1,000℃，壓力為3萬大氣壓。鎂、鋁與矽酸在這樣的環境中結合而成的結晶，會隨著岩漿的上升而被帶至地表附近，從岩石上脫落後便會聚集於河底等處。

▲火山岩中的石榴石結晶

紅色系中的細微差異

鎂鋁榴石是為數不多、即便未施以人工雕飾仍會綻放美麗光輝的寶石。深紅色光輝為特色，不過另有暗紅色乃至紅紫色、紅褐色、偏黑的顏色、粉紅色等，深淺與是否偏黑則是依所含成分而出現細微的差異。

▲雖然統稱為紅色，顏色卻會因為所含成分而略有不同

迷人的各種寶石1 等軸晶系

波希米亞玻璃的誕生

鎂鋁榴石促進了捷克知名工藝品波希米亞玻璃的誕生。捷克的波希米亞是以鎂鋁榴石的寶石產業小鎮之姿逐漸發展起來的，不過隨著採掘量減少，波希米亞的市民為了度過危機而開始製作色調相似的玻璃。美麗的波希米亞玻璃活用了寶石切割的技術，至今仍令無數人如癡如醉。

▲波希米亞玻璃的形狀與顏色充滿魅力

各種顏色閃耀動人
尖晶石（Spinel）

DATA	晶系	等軸晶系	硬度	7.5～8	比重	3.6～3.7	折射率	1.71～1.76
化學結構	$MgAl_2O_4$		顏色	無色、紅色、粉紅色、紅紫色、藍色、橙色、黑色			
主要生產國	緬甸、斯里蘭卡、坦尚尼亞、奈及利亞等							

▲鮮豔的紅色尖晶石

過去曾視為紅寶石的其中一種

尖晶石的結晶大多為單純的正八面體，末端呈尖狀，因而命名取自拉丁語「spina」，意指「荊棘」。產自緬甸與斯里蘭卡等地，尤以緬甸產的紅色尖晶石的成色絕佳，使尖晶石價值極高。

尖晶石通常與紅寶石採集自同一個礦床，有很長一段時間被視為紅寶石的一種。據說直到18世紀後半葉，人們才知道尖晶石是不同於紅寶石的礦物。此外，有些尖晶石的色調會隨著人工光線與自然光而產生變化。

寶石如何形成？

當滾燙的岩漿進入石灰岩中，接觸到該岩漿的部分石灰岩會再次結晶而變成大理石。石灰岩再度結晶時，內含的鋁或鎂會重新組合，從而結成尖晶石，化作寶石的尖晶石大多是在因為這種變質作用而形成的大理石中產生的。

▲大理石中的尖晶石結晶

色彩繽紛的尖晶石

純淨的尖晶石是無色或半透明的。若含有鐵、錳、鉻等則會產生各種顏色的尖晶石，比如摻雜了鉻與鐵會變成紅色，摻雜了鐵與鈷則會變成藍色等。

▲五顏六色的尖晶石，堅硬且透明度高。含有大量鐵分的黑色尖晶石又稱作「鎂鐵尖晶石（Pleonaste）」

迷人的各種寶石 1 等軸晶系

原以為是紅寶石，結果是尖晶石

14世紀時，西班牙國王佩德羅一世贈送了一顆紅色寶石給英格蘭愛德華王子，這顆有著「黑王子的紅寶石（Black Prince's Ruby）」之稱的寶石，隨後用來鑲嵌在英國王室的王冠上。然而，這種寶石其實並非紅寶石，而是尖晶石。當時尚未區分紅寶石與尖晶石，長久以來人們一直誤以為它是紅寶石。同為英國王室所有的「帖木兒紅寶石（Timur Ruby）」項鍊亦為尖晶石。

▶英國王室王冠上的「黑王子的紅寶石」

從各種顏色中散發出強烈的螢光
螢石（Fluorite）

DATA	晶系	等軸晶系	硬度	4	比重	3.00～3.25	折射率	1.43
化學結構	CaF_2	顏色	無色、綠色、藍色、紫色、黃色、粉紅色、橙色、褐色、白色					
主要生產國	美國、英國、加拿大等							

▲綠色與紫色同為螢石的代表性顏色

「螢石」之名來自於宛如螢火蟲般的光澤

　　螢石的英文名稱源自拉丁語「fleur」，意指「流動」。因具備熔化鐵礦石使它轉化為流動液體的特性而得名。至於「螢石」這個日文名稱的由來，則是因為若在暗處將碎片放入火中，會如螢火蟲飛舞般閃閃發光。

　　如玻璃般的光澤與豐富的色彩為螢石的特色之一。純淨的螢石是無色的，卻會因為混入雜質而顯色。在英國開採出的「藍約翰（Blue John）」有著美麗的條狀紋，在歐洲是相當受歡迎的寶石。

寶石如何形成？

螢石的結晶是溶入熱水中的鈣與氟結合（形成氟化鈣），或是與進入岩石縫隙的岩漿產生反應所形成。在其他情況下，這種寶石會在氣體或水排除後的孔洞或沉積岩中，甚至是溫泉所在區域等各種地方形成結晶。

▲成長後色彩斑斕的螢石結晶原石

迷人的各種寶石1　等軸晶系

▲色彩豐富的螢石。據說黃色與粉紅色是其中較少見的顏色

顏色俱全的多樣性為魅力所在

螢石的顏色包括紫色、綠色、藍色甚至是橙色與黃色，多樣到似乎任何顏色都不缺。此外，在印度開採出的螢石稱作「天然變色螢石（Color-Change Fluorite）」，這種螢石會從綠色漸變成紫色，呈現出來的顏色變化清晰可見。

出現在熱門動畫中的礦石原型？

廣受大人小孩等各年齡層喜愛的動畫作品當中，曾出現名為「飛行石」的石頭。有許多人羅列各種寶石名稱推敲這顆石頭的原型，據說其中最具說服力的便是「螢石」。由於螢石有一種加熱就會發光的特性，在紫外線照射下則會發出螢光。或許是這種獨樹一格的特徵，讓它被認為可能就是「飛行石」的原型。

用光照射就會變色的寶石
蘇打石（Sodalite，方鈉石）

DATA	晶系	等軸晶系	硬度	5.5～6	比重	2.14～2.40	折射率	1.48～1.49
化學結構	$Na_8[Cl_2(AlSiO_4)_6]$		顏色	藍色、灰色、白色、無色			
主要生產國	俄羅斯、德國、印度、加拿大、美國等						

▲也被用作護身符的蘇打石

以鈉的英語命名的寶石

　　據說蘇打石早在西元前就與青金石並列為「藍色寶石」而廣為人知。因為是鈉含量高的礦物，故以英語中意指鈉的「sodium」來命名。古埃及的人們相信，這是一種可以避邪的石子，據說也用來當作驅邪的護身符或宗教用途。

　　此外，含有大量硫磺且吸收紫外線就會變成紫色的蘇打石稱為紫方鈉石（Hackmanite），與一般的蘇打石並不相同。

寶石如何形成？

隨著進入岩盤中矽酸成分較少的岩漿逐漸冷卻，各式各樣的礦物會形成結晶。這種時候岩漿若接近鹼性且含有大量的鈉與鈣，就會形成蘇打石。此外，當類似的岩漿進入石灰岩中並發生變質作用時，也會形成蘇打石。

▲ 含有鹼性長石（Alkali feldspar，白色部分）的蘇打石原石

迷人的各種寶石1 等軸晶系

除了不透明的藍色外，透明度高的藍色也富有魅力

▲亦有透明度高的罕見藍色蘇打石

有些蘇打石透明度高而有帝國蘇打石（Imperial Sodalite）之稱，另外也有不透明灰色或白色的蘇打石。此外，其中有些若以黑光燈（Blacklight）照射，照射期間蘇打石會變成粉紅色或橙色。

如何與青金石區分？

據說青金石的外觀與蘇打石一模一樣，在原石狀態下很難分辨，不過蘇打石是深藍色中混有黑色與白色，青金石則是亮藍色中可見金色的黃鐵礦（Pyrite）。此外，青金石會磨成粉後作為藍色顏料來使用，而蘇打石磨碎後藍色會消失，因此不能作為顏料。

▶青金石的原石中可看到金色的黃鐵礦

49

專欄 2

寶石鑑別會進行哪些項目？

所謂的寶石「鑑別書」，是指進行科學性檢查來確定該石子是什麼樣的礦物（寶石）並查明類型的證書。那麼，寶石的鑑別會進行什麼樣的檢查？又要從這些檢查中查清什麼？基本上是透過查明折射率與偏光性等光學特色的檢查、放大檢查、比重檢查等來鑑別寶石。「鑑別書」則是將這些檢查結果以報告書的形式發行的文件。

折射率與偏光性的檢查

光只要進入密度不同的物質中就會發生折射（路徑彎曲）。光的折射方式會依石子的類型而異，因此只要使用折射計將光的折射率數值化，即可將大部分的寶石分門別類。此外，還可利用偏光儀等工具來調查單折射性與雙折射性等該石子的折射特性。

放大檢查

使用放大鏡，觀察該寶石的顏色、切割、內含物（inclusion）與是否有劃痕等。較常用的是倍率約為10倍的放大鏡。若要更詳細地觀察所檢查的寶石之結構等，則會使用寶石鑑別專用的顯微鏡。

重量與尺寸

評估寶石時，該寶石本身的重量與大小也是重要的因素之一。會利用名為槓桿儀的工具等來測量寶石的大小，接著使用電子秤等來測量重量。

鑑別書的發行

完成寶石的鑑別後，會發行所謂的鑑別書文件。寶石鑑別書上會記載該寶石的類型、是天然亦或合成等。順帶一提，唯獨鑽石會發行所謂的「鑑定書」。

迷人的各種寶石 2
三方晶系

七大晶系家族中的各種三方晶系寶石，是指長度相等的三條對稱軸彼此120度相交，且有一條垂直軸於交會點相交。此晶系家族中包含紫水晶等常見的寶石。

高貴且透明度高的紫色
紫水晶（Amethyst）

DATA	晶系	三方晶系	硬度	7	比重	2.65	折射率	1.54～1.55
化學結構	SiO_2		顏色	紫色、粉紅色與略帶褐色的紫色				
主要生產國	巴西、肯亞、馬達加斯加、烏拉圭、尚比亞等							

迷人的各種寶石2 三方晶系

▲綻放紫色光輝的紫水晶，也是高貴的象徵

身分高貴者經常佩戴的美麗紫色寶石

　　紫水晶的名稱源自希臘語「Amethustos」，有「千杯不醉」之意，人們相信紫水晶有預防醉酒的效果。據說日本自古以來身分高貴者會穿戴紫色的服裝與飾品，甚至連國外的國王與宗教領袖等也將紫水晶的顏色視為極其高貴之物。

　　如今紫水晶是寶石中較容易取得的，但在19世紀於巴西發現大型礦山之前，與祖母綠、紅寶石一樣都是所費不貲的寶石。

想更深入了解！更多新奇有趣寶石小故事！❶

世界最大的原石

　　紫水晶開採自巴西、肯亞與馬達加斯加等地，昔日在日本的宮城縣、石川縣與鳥取縣等地也曾開採出紫水晶。世界各地持續開採，2007年於南美的烏拉圭發現了世界最大等級的紫水晶原石（晶洞石）。

　　該原石高3.27m且重達2.5噸，有「烏拉圭女帝」之稱。烏拉圭女帝目前展示於澳洲阿瑟頓一個名為水晶洞（Crystal Caves）的洞窟遊樂場中。

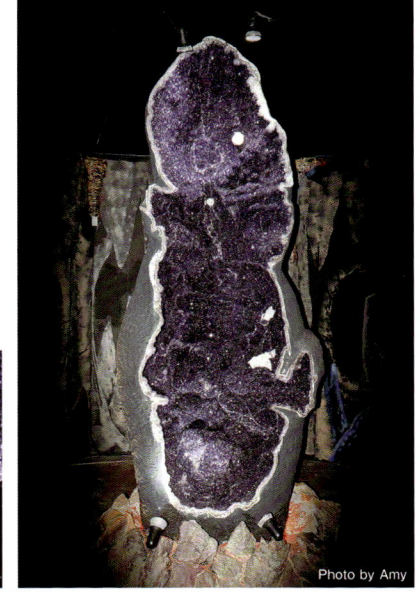

▶於澳洲遊樂場中展出的烏拉圭女帝

迷人的各種寶石2　三方晶系

受詛咒的紫水晶

這顆據傳受到詛咒的「德里紫色藍寶石（Delhi Sapphire）」目前展示於英國的倫敦自然史博物館。它是紫水晶，而非藍寶石，在印度仍是英國領地的時代，遭英國的菲里斯上校掠奪。然而，帶著寶石回到家鄉的上校卻失去財產並離奇死亡。之後他的兒子以及其他繼承了寶石的人都接連遭遇不幸，故以「受詛咒的紫水晶」之名傳承至後世。

▶菲里斯上校的孫子於1944年捐贈給倫敦自然史博物館的德里紫色藍寶石

想更深入了解！更多新奇有趣 寶石小故事！②

Amethyst 是化作純白石子的女子之名

希臘神話中，酒神巴克斯看中了一位年輕姑娘阿梅希斯特（Amethyst），卻遭她反抗，巴克斯便命令老虎吃掉她。女神黛安娜為了拯救這位姑娘，便將她變成了純白色的石子。悲從中來的巴克斯將葡萄酒倒在石子上，結果石子變成了紫色的水晶，相傳這便是紫水晶的由來。

珠寶收藏品

紫水晶不耐日曬，須小心存放

巴西的紫水晶產量高，巴西產的紫水晶最早是在18世紀前半葉被帶到歐洲。結果轉眼間就流行起來，許多富裕家族在紫水晶上投注大把資金。

美麗的紫色為紫水晶的一大特色，實際上卻有個很大的缺點是不耐日曬。若將天然紫水晶長時間放在陽光充足的窗邊等處，有褪色之虞。順帶一提，紫水晶一加熱就會變色，變成黃水晶（Citrine）。

寶石如何形成？

從地底深處上升至地表附近的岩漿冷卻凝固時，會排出水分等而形成巨大的孔洞。含有水晶成分「矽酸」的溶液會儲存於該孔洞中，在逐漸冷卻的過程中於壁面上產生了小孔，並從該處孕育出紫水晶的結晶，不過結晶的大小會隨著孔洞的大小而改變。

▲結晶會逐漸長成長柱狀

形形色色的紫色石子

紫水晶是因鐵與鋁而產生顏色，從透明的粉色調玫瑰色乃至深紫色、藍紫色，範圍相當廣。紫水晶的顏色大多不均勻，結晶往根部方向較接近白色，往末端則呈紫色。

▲紫水晶之所以受歡迎，不僅是因為色調，也因為透明度

迷人的各種寶石2 三方晶系

有兩種顏色的雙色紫水晶

紫黃晶（Ametrine）是一種結晶內有兩種顏色的紫水晶。當紫水晶接觸到地熱等熱源就會轉為黃色，即稱為黃水晶（Citrine）；因為接觸熱源的方式不同而留有紫色的，則為紫黃晶。天然的紫黃晶極度稀少，唯有玻利維亞的阿奈礦山才有出產。

▶在自然界中，必須符合條件才能產出的紫黃晶

無色的石英

白水晶（Rock Crystal）

DATA	晶系	三方晶系	硬度	7	比重	2.65	折射率	1.54～1.55
化學結構	SiO_2	顏色	無色、白色、乳白色					
主要生產國	巴西、日本、美國、緬甸等							

迷人的各種寶石2 三方晶系

▲石英彷彿透明的水結晶所化成的寶石

猶如水與冰般的高透明度

　　水晶（Crystal）一字源自希臘語「Crystallos」，意指「冰」等。以礦物來說，白水晶（Rock Crystal）是一種Quartz（日文名稱為石英），所以與一般所說的石英或水晶為相同之物。這些石英中，又以白水晶的透明度特別高。與石英最大的差別應該只有一點，即「顏色是否透明」。

　　最大的魅力在於如冰或水化為結晶般的透明之美，不過有些白水晶則因擁有特殊的內含物（inclusion）而頗受好評。

寶石如何形成？

由單晶體所構成的無色石英即稱為白水晶（Rock Crystal）。結晶內未摻入任何雜質，緩慢地長大，形成美麗且無色透明而可作為寶石來使用的結晶。此外，根據結晶成長時的孔洞大小與溶液溫度等，會形成各種形狀的結晶。

▲根據結晶的形狀可以看出是如何形成的　Photo by Didier Descouens

無色透明的石英

白水晶是一種無色的石英，染上顏色則會變成其他類型的石英。根據顏色不同，名稱也會隨之變化，舉例來說：紫色稱作紫水晶（Amethyst）、黃色為黃水晶（Citrine）、褐色則稱作煙水晶（Smoky Quartz）等。

▲石英染上顏色後，便有不同的名稱

混入石油與氣泡的石英

有些白水晶內部含有內含物。「含油石英（Oil in Quartz）」便是其中之一。如其名所示，是內含石油的白水晶。氣泡也和石油一起包含其中，因此這些氣泡會在石英中滾動。此外，以黑光燈照射會散發出藍色螢光，營造出極其夢幻的氛圍。

▶內含石油而被稱作含油石英的寶石

迷人的各種寶石2　三方晶系

無論打碎到什麼程度，結晶都呈菱形狀

方解石（Calcite）

DATA	晶系	三方晶系	硬度	3	比重	2.7	折射率	1.48～1.65
	化學結構	$Ca_2[CO_3]$	顏色	無色、白色、灰色、黃色、橙色、綠色、藍色、紅紫色、黑色等			
	主要生產國	冰島、美國、捷克、德國、墨西哥、日本等						

迷人的各種寶石 2 三方晶系

▲因為質地柔軟而容易刮傷的方解石

不管敲得多碎都呈菱形狀

　　方解石（Calcite）的名稱據說源於拉丁語「Calx」，意指「石灰」。如其名所示，是一種富含鈣的寶石。此外，不僅限於製成寶石，用作建築牆壁或石材的大理石也是由方解石所構成。

　　方解石最大的特色之一是，即便敲碎成小碎片，仍會呈如壓扁的火柴盒般的菱形狀。這是因為發生了「解理」，意思是結晶或岩石具有容易沿著某個特定方向碎裂的性質。

寶石如何形成？

構成石灰岩或大理石的方解石是一種可見於地殼（地球表層）內的礦物。當岩漿進入石灰岩中，其熱度會使石灰岩中的細小方解石顆粒產生變化並形成大型結晶。要成為可用作寶石的大型結晶，須具備無雜質等特殊的環境，因此產地有限。

▲細小的方解石顆粒會發生變化，形成大型結晶

不僅限於無色透明的結晶

純淨的方解石是無色透明的，但也會因為結晶內摻雜的成分而染上顏色。比如含有鐵會變成黃色或橙色，含有錳會變成粉紅色，含有鈷則呈紅紫色等，會變化出各種顏色，顏色漂亮的則會成為寶石。

▲顏色變化是結晶內所摻雜的成分所引起

迷人的各種寶石 2　三方晶系

方解石的雙折射特性

試著將透明的方解石放在寫有文字的紙上，會發生文字看起來有兩行的現象。究竟為何會發生這種現象呢？答案是所謂的「雙折射」光學現象，使進入方解石內的光線分成兩個方向。另有其他礦物亦具備雙折射的特性，不過方解石是其中雙折射格外強烈的，因此會呈現出清晰可見的兩行。

▶因為雙折射特性，使文字清晰可見地呈兩行

光澤美麗的黑色寶石
赤鐵礦（Hematite）

DATA	晶系	三方晶系	硬度	5～6.5	比重	5.3	折射率	2.87～3.22
化學結構	Fe_2O_3		顏色	黑色、帶有鐵之光澤的黑色、灰黑色、褐色、紅褐色					
主要生產國	巴西、美國、英國、墨西哥等								

迷人的各種寶石2 三方晶系

▲赤鐵礦不僅是寶石，亦為重要的鐵資源

通往勝利的戰神之石

　　赤鐵礦的外觀為黑色，不過將結晶磨成粉後會變成紅色，因此名稱源自希臘語「Aematitis」，意指「血液」；自古以來，人們都相信這種礦石對血液有良好的效果。赤鐵礦的成分中，鐵占了70%，因此也是攝取鐵資源的重要礦物。

　　此外，相傳此礦石在古羅馬的羅馬神話中是戰神馬爾斯的寶石，士兵在上戰場前會以赤鐵礦用力磨蹭身體。成為寶石的赤鐵礦則因高度的美學價值而經常被稱為黑鑽石。

寶石如何形成？

30億年前的海洋中出現了原始的細菌（Bacteria）。海中的鐵離子與細菌所釋放出的氧產生反應，形成氧化鐵並沉積於海底。這種作用持續了很長一段時間，形成了巨大的鐵礦床。除此一路徑之外，進入岩石中的岩漿亦會產生赤鐵礦。

▲結晶樣式形形色色，有些表面看起來像人類的腎臟

有光澤的寶石

赤鐵礦的顏色以黑色乃至銀灰色、褐色乃至紅褐色居多。屬於顏色變化較少的寶石，但是這種寶石最大的魅力在於迷人的光澤。它美麗的光澤無論看多久都不會厭倦。

▲在日本曾被稱為「黑鑽石」

迷人的各種寶石2 三方晶系

用作土黃色的顏料罐

有幾種礦物不僅會成為寶石，還經常作為顏料來使用。赤鐵礦便是其中之一。赭色（土黃色）的顏料罐是赤鐵礦含量各異的黏土，赤鐵礦含量的比例大約占了20～70%。赤鐵礦含量較少的，黃色較為濃烈，稱為「黃赭色」。相反的，赤鐵礦含量較多的，紅色較為濃烈，稱作「紅赭色」。

亦可用於印鑑的石子
硃砂（Cinnabar，辰砂）

DATA	晶系	三方晶系	硬度	2～2.5	比重	8.0～8.9	折射率	2.90～3.26
化學結構	HgS	顏色	紅色、鮮紅色、朱紅色、褐紅色、褐色、黑色、灰色					
主要生產國	中國、西班牙、秘魯、斯洛維尼亞、烏茲別克等							

▲亦作為各種印刷材料來使用的硃砂

日本也曾開採出紅砂

　　硃砂的特色在於鮮豔的紅色。它的名稱源自波斯語「zinjirfrah」、阿拉伯語「zinjafr」，有「龍血」之意。即便接觸到空氣也不會變色，因此亦作為紅色顏料來使用。硃砂鮮少作為珠寶飾品來切割或研磨，較常用作印刷材料或雕刻等的裝飾品。

　　日本昔日也曾開採過硃砂。中國將以硃砂製成的顏料稱作「丹」，日本則有很多地名冠上「丹」字，意指硃砂的產地。

寶石如何形成？

　　硃砂很少形成大型結晶，通常都是由小結晶匯聚成塊。它是岩漿產生的熱液或氣體中所含的水銀（硃砂的成分）在穿過岩石之間時，與硫磺結合並在岩石中聚集成塊所形成。此外，有時也會以溫泉沉澱物的形式產出。

▲水銀與硫磺結合，在岩石中聚集成塊所形成

迷人的各種寶石 2　三方晶系

鮮豔的紅色

　　硃砂的主要顏色為紅色系，有鮮紅色、朱紅色與褐紅色等多種色調變化。它的色素（成為顏色基礎的物質）稱為Vermilion（朱紅色），它具有一個特性，就是在光線照射下會變黑。

▲除了這些紅色，還有褐色或黑色等與硃砂一般印象不同的顏色

曾出現在小說或遊戲中的「賢者之石」

在中世紀歐洲，可將銅或鉛等非貴金屬的卑金屬轉化為金或銀等貴金屬的石子，即稱作「賢者之石」。據說當時的煉金術師深信，以水銀作為催化劑即可製造出賢者之石。硃砂是水銀與硫磺的化合物，因此開始視為賢者之石。這種礦物也曾出現在以魔法學校為舞台的國外電影之中。

專欄 3
呈現寶石之美的切割技法

切割（Cutting）是將原石製成美麗的寶石並提高價值的重要因素。切割有幾種類型，可大致分為刻面切割（Facet cut）與蛋面切割（Cabochon cut）兩大類。以下將逐一介紹這兩種切割方式的特色。

刻面切割

刻面（Facet）一字是意指磨平的表面，是打造大量小刻面的切割方式。透過光的折射與反射形成光輝等，最大限度活用透明度，適用於透明的石子，可大致分為明亮式切割與階梯式切割。

明亮式切割（Brilliant Cut）
寶石專家馬塞爾・托可夫斯基於1919年開發的技法，經過計算以求最大限度活用寶石的透明度與光輝。

階梯式切割（Step Cut）
經過精心設計斜切寶石的四面，使側面呈階梯狀的切割方式。

綜合式切割（Mix Cut）
兼具明亮式切割與階梯式切割兩者之特性的切割方式。

蛋面切割

將寶石切割成半圓球狀的技法。相對於用在透明石子的刻面切割，蛋面切割被運用於半透明或不透明的石子。有於石子正面塑造半圓形凸起的單蛋面切割，以及於正面與背面塑造半圓形凸起的雙蛋面切割等。

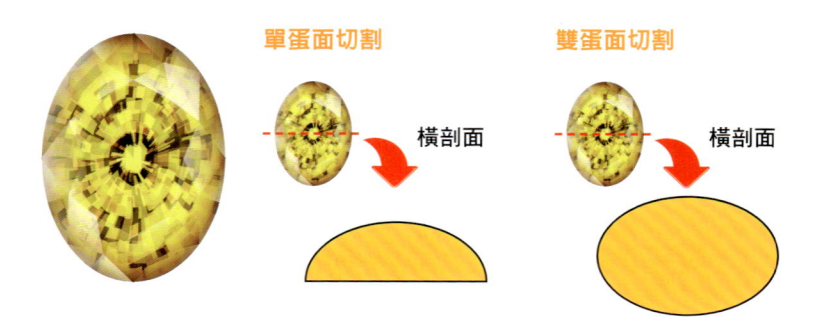

單蛋面切割 　橫剖面

雙蛋面切割 　橫剖面

迷人的各種寶石 3
斜方晶系

七大晶系家族中的各種斜方晶系寶石，是指長度各異的三條晶軸彼此垂直相交。此晶系家族中包括了拓帕石等寶石。

最具代表性的黃色寶石
拓帕石（Topaz，黃玉）

DATA	晶系	斜方晶系	硬度	8	比重	3.49～3.57	折射率	1.60～1.64
化學結構	$Al_2[(F,OH)_2SiO_4]$		顏色	無色、黃色、粉紅色、紫色、褐色、藍色、淡藍色、淡綠色				
主要生產國	巴西、莫三比克、奈及利亞、俄羅斯等							

▲拓帕石的顏色愈深且鮮豔則價值愈高

曾是太陽或黃金象徵的寶石

　　拓帕石的名稱由來有多種說法，比如源自梵文「Tapas」，意指「火」；或是源自希臘語詞彙「Topazios」，有「尋找」之意等。相傳這種寶石在古希臘與羅馬曾是太陽或黃金的象徵，在中世紀歐洲則打造出大量使用拓帕石製成的珠寶而大受歡迎。

　　拓帕石有各式各樣的顏色，據說較具代表性的是黃色。包括日本在內，產地遍布世界各地，不過日本卻極少產出黃色的拓帕石。

想更深入了解！更多新奇有趣寶石小故事！❶

OH 型與 F 型拓帕石

拓帕石是一種顏色豐富多彩的寶石，根據化學結構可分為兩種類型。一種是 OH 型，另一種則為 F 型。

首先，據說 OH 型的稀缺價值高於 F 型，是含羥基的系統，色調多為粉紅色或帶橙色的黃色等，主要是指有「帝王拓帕石（Imperial Topaz）」之稱的石子。

F 型的拓帕石則為含氟的系統，除了無色外，還有藍色與黃色等色調。這種 F 型有個特色是，長時間暴露在光線下可能會褪色，因此處理時必須格外留意。大部分的拓帕石屬於這種 F 型。

▲ OH 型的粉紅色拓帕石

▲ F 型的藍色拓帕石

迷人的各種寶石3　斜方晶系

拓帕石勘兵衛

根據石井研堂所著的《明治事物起源》，名為高木勘兵衛的人物於1870年在美濃國（岐阜縣）發現「細如絲線」的礦石，是日本最早與拓帕石相關的見聞。當時所發現的是否為拓帕石目前仍存疑，不過高木後來得知開採出來的石子是名為黃玉的珍貴石子，他因此致富，並獲得「拓帕石勘兵衛」的稱號。

67

想更深入了解！更多新奇有趣 寶石小故事！❷

稀有的拓帕石與奇特的拓帕石

有「皇帝的、最高級的」等含意的帝王拓帕石，在拓帕石中獲得了最高品質之評價。關於名稱的由來，有一說認為是為了裝飾俄羅斯帝國皇后的珠寶而從巴西引進橙粉色的拓帕石。此外，神祕拓帕石（Mystic Topaz）則會呈現出萬花筒般的光輝。

▲帝王拓帕石也有各種顏色

迷人的各種寶石3 斜方晶系

珠寶收藏品

容易形成大顆結晶

　　拓帕石是在容易形成大顆結晶的環境中形成的寶石。據說目前世界上最大的切割拓帕石是「美國黃金拓帕石（American Golden Topaz）」，是一顆以重達22,892克拉著稱的黃色拓帕石。

　　該寶石是在巴西發現的，於1988年捐贈給學術研究機構史密森尼學會，並於美國華盛頓哥倫比亞特區的史密森尼國立自然史博物館展出。據說1克拉的重量為0.2克，因此如果超過2萬克拉，寶石的尺寸會大到無法立即想像。

寶石如何形成？

拓帕石在偉晶花崗岩或結晶質石灰岩內部形成。含氟、羥基與鋁，有著菱形剖面的結晶會逐漸成長呈柱狀。柱面大多會出現縱向線條，結晶是從母岩或砂礦床開採出來的。

▶結晶的大小會隨生長的孔洞大小而異

名稱會依顏色而異

有較具代表性的黃色、粉紅色與藍色等，是顏色變化相當豐富的寶石。名稱也會隨著顏色而變化，成色為金黃色乃至橙色、褐色系的，色調近似雪利酒，因而有「雪利拓帕石」之稱等。

▲有些是進行人工處理來改變顏色

迷人的各種寶石3 斜方晶系

藍色拓帕石有三種類型

藍色拓帕石是拓帕石中較受歡迎的顏色之一，根據藍色的深淺可將寶石分為三大類。由淺至深依序為透明清澈的天藍拓帕石、明亮且鮮豔的瑞士藍拓帕石，以及稍微偏暗且略帶灰色的倫敦藍拓帕石。無論是哪一種藍色拓帕石，其實大部分都是以無色的拓帕石進行輻射處理或加熱處理，使拓帕石變成藍色。

▶天藍拓帕石

69

療癒心靈的橄欖綠光輝

橄欖石（Peridot，Olivine）

DATA	晶系	斜方晶系	硬度	6.5～7	比重	3.28～3.48	折射率	1.65～1.70
化學結構	$(Mg,Fe^{2+})_2[SiO_4]$			顏色	無色、綠色、黃綠色、褐綠色、褐色、黑色			
主要生產國	中國、肯亞、巴基斯坦、南非、美國等							

迷人的各種寶石 3 斜方晶系

▲在漆黑夜裡仍會綻放明亮綠光的橄欖石

有「寶石」之名的橄欖石

Peridot 是橄欖石在寶石學上的名稱。在礦物橄欖石（Olivine）中，透明度高且綠色迷人的會成為寶石。昔日盛產於埃及，有則說法認為其名稱源自阿拉伯語「Faridat」，為「寶石」之意。

橄欖石如嫩草般予人清爽印象的淺綠色調別具魅力。它是由含鎂的鎂橄欖石與含鐵的鐵橄欖石混合而成，而用作寶石的則是鎂橄欖石含量近90％的黃綠色石子。

寶石如何形成？

橄欖石是在地底深處形成的。它是在岩漿尚未冷卻的高溫狀態下最先形成結晶的礦物，再由岩漿一鼓作氣運送至地表附近並冷卻。從地下急遽上升而氣壓陡降，導致這種寶石的結晶大多變成小顆粒狀，因此很少能開採出大型的結晶。

▲大型橄欖石結晶非常珍貴

迷人的各種寶石3 斜方晶系

從淡淡的光輝乃至沉穩的光輝

橄欖石中若含有鎂的鎂橄欖石比例較高，顏色就會呈黃綠色；反之，若含鐵的鐵橄欖石比例較高，則會略帶褐色而顏色偏黑。其中又以透明度高的綠色價值較高。

◀橄欖石的顏色深淺，取決於所含成分的比例

從太空墜落的橄欖石

隕石是從外太空墜落至地球的物體。據說這些隕石中經常含有橄欖石。1951年於阿根廷發現的石鐵隕石（半石與半鐵所構成的隕石）便是其中一例。試著調查後發現，其中大量可見的綠色結晶便是橄欖石。竟然是隨著隕石從遙遠外太空來到地球，是一種令人備感浪漫的寶石。

▶含有橄欖石的隕石

顏色變化令人愉快的稀有石子
紅柱石（Andalusite）

DATA	晶系	斜方晶系	硬度	6.5～7.5	比重	3.13～3.20	折射率	1.63～1.65
化學結構	Al_2SiO_5		顏色	黃色、褐紅色、灰綠色、暗綠色、灰色、黑色					
主要生產國	西班牙、巴西、斯里蘭卡、俄羅斯、加拿大、美國等							

迷人的各種寶石3 斜方晶系

▲根據觀看角度或方向而呈現出不同顏色的多色性寶石

最大的魅力在於強烈的多色性

　　有好幾種寶石都具有多色性，而紅柱石是其中多色性最為強烈的寶石。呈現出的顏色會隨著觀看角度等而改變，因此有一股令人想多看幾眼的神奇魅力吸引著人們。紅柱石的英文名稱為Andalusite，源自於它最初被發現的地點──西班牙的安達魯西亞地區。

　　這種紅柱石的產量不算稀少，但有一個特點是內含物較多。透明度高且寶石品質優良的紅柱石數量並不多，因此視為稀有石子。

寶石如何形成？

紅柱石是承受將近700℃的高溫而形成的。由於低壓與高溫使岩石發生變質作用，並與含鋁或矽酸的液體產生反應，從而產生結晶。原石主要是柱狀，是由有著正方形剖面的結晶所構成。此外，若有錳進入，則會形成名為「Viridian」的綠色結晶。

▲與含鋁或矽酸的液體產生反應所形成的結晶

高難度切割讓美麗升級

紅柱石不僅有黃色、紅色與綠色等多樣的顏色，可欣賞顏色變化的多色性亦為一大特色。為了活用這種多色性，高難度的切割技術至關重要。透過可呈現美感的切工，能夠使其魅力大增。

▲顏色宛如跳舞般不斷變化的紅柱石

迷人的各種寶石3 斜方晶系

護身寶石

有幾種石子可說是紅柱石的成員。空晶石（Chiastolite）便是其中之一，雖然外觀不同，卻與紅柱石分類為同一種礦物。紅柱石是在泥質岩因岩漿熱能而變質的部分中形成的，但這時結晶中若摻雜了碳，剖面會出現如十字架般的交叉紋路。此即空晶石。命名是源自希臘語「Chiastos」，意指「十字架」。

▶經過切割的剖面上所出現的交叉紋路宛如十字架

白天與夜晚有著不同的面貌
亞歷山大變色石（Alexandrite）

DATA	晶系	斜方晶系	硬度	8.5	比重	3.7	折射率	1.74～1.75
	化學結構	$BeAl_2O_4$	顏色	在陽光下呈藍色或綠色，在鎢絲燈照射下則呈紅色～紫色				
	主要生產國	斯里蘭卡、印度、坦尚尼亞、俄羅斯、巴西等						

迷人的各種寶石 3　斜方晶系

▲在俄羅斯稱為「皇帝的寶石」

呈現出的顏色會依光線類型而異

　　亞歷山大變色石是名為金綠寶石（Chrysoberyl）的寶石礦物之變種。1830年發現於俄羅斯的烏拉山脈。最大的特色在於變色性（變色效應）。在陽光下與在鎢絲燈照射下所呈現的顏色各異，是具備兩種面貌的寶石。

　　一般認為這種現象是亞歷山大變色石中所含的鉻與釩引起的，顏色變化愈大則價值愈高。金綠寶石包括了四種寶石，其中又以這種變色石最為稀有，可說是最美麗的寶石。

寶石如何形成？

亞歷山大變色石是名為金綠寶石的礦物變種。金綠寶石是鈹與鋁的氧化礦物（元素與氧或羥基結合而成的礦物），可在花崗岩質的粗粒岩石（偉晶岩）中找到。亞歷山大變色石的原石是在極小的狀態下被從中挖掘出來的。

▲金綠寶石中具備變色性的皆稱作亞歷山大變色石

迷人的各種寶石3 斜方晶系

變色性強烈的寶石之代表

除了亞歷山大變色石之外，也有其他寶石會變色。不過亞歷山大變色石所呈現的顏色變化範圍比其他寶石還要廣泛，照射到白天的陽光就會閃耀著藍光或綠光，夜裡只要照射鎢絲燈就會發出紅色乃至紫色的光輝，彷彿兩種不同的寶石。

▲白天與夜晚會展現出不同的顏色，有「白晝綠石」與「夜晚紅寶石」之稱
Photo by gemportjewellers

名稱源自俄羅斯帝國的皇太子

亞歷山大變色石於1830年發現自俄羅斯的烏拉山脈。這種石子品質極高且具備鮮豔的色調，會展現出戲劇性的顏色變化。據說發現那天是俄羅斯帝國皇太子亞歷山大二世（後來的俄羅斯皇帝）的生日。由於這樣的巧合，遂以皇太子的名字將此礦物命名為「亞歷山大變色石」，這個說法最具說服力。

▶據說寶石名稱是取自亞歷山大二世

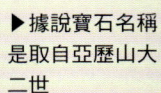

擁有好幾個別稱的寶石
菫青石（Iolite）

DATA	晶系	斜方晶系	硬度	7～7.5	比重	2.6	折射率	1.54～1.55
化學結構	$Mg_2Al_4Si_5O_{18}$		顏色	如藍紫色般的藍色、亮藍色、偏黃的灰色			
主要生產國	印度、緬甸、斯里蘭卡等						

迷人的各種寶石3 斜方晶系

▲因為含鐵而變藍的菫青石

美麗的紫羅蘭色為代表色

　　菫青石有著如美麗紫羅藍般的藍色，據說名稱源自希臘語中意指「藍紫色」的「Aion」與意指「石子」的「Lithos」。這種寶石令人感受到藍寶石般的藍與透明的水，因而有「水藍寶石（Water Sapphire）」以及「雙色石（Dichroite）」等別稱。

　　菫青石與紅柱石等一樣，具備多色性的特徵。此外，也有非藍色的菫青石，它們另有不同的名稱，比如Cordierite等。

寶石如何形成？

　　董青石通常是在高溫低壓型的廣域變質岩、接觸變質岩、花崗岩，甚至偉晶岩等之中形成，呈透明或半透明且帶有玻璃光澤，會逐漸成長為柱狀的結晶。它是一種含有鐵、鎂與鋁的矽酸鹽礦物，礦物名稱為Cordierite。

▲結晶本身的顏色會依觀察角度而變化

迷人的各種寶石3 斜方晶系

▲打磨成寶石的董青石若背對著光，從某個方向看過去是深藍色，從另一個方向看過來則呈亮藍色等

實際上可看到三種顏色

　　董青石有個意指「雙色石」的別稱，但實際上通常可以看到三種顏色。每顆石子所呈現出的顏色各異，不過是藍紫色、淡藍色、黃褐色、黃綠色、接近無色的藍色等的其中三種顏色。

航海家的羅盤

董青石也以「維京人的羅盤」或「維京人的寶石」之姿為人所知。據傳古代的維京航海家會利用薄片狀的董青石作為減光板或偏光濾鏡，在陰天時用來判斷太陽的方位。如此一來，船員在迷失方向的茫茫大海上仍可確認自己的位置，從而得以安全地航行。

專欄 4

1月～6月的誕生石

　　從1月到12月，與每個月份相關的寶石即稱作誕生石，人們習慣在身上佩戴自己出生月份的寶石，以求「幸福降臨」或「願望成真」。據說這種誕生石起源於遙遠的過去，《舊約聖經・出埃及記》中所出現的12種寶石，以及《新約聖經・啟示錄》中描寫到的12顆寶石，都是現今誕生石的基礎。各個國家有所不同，以下將逐一介紹在日本普遍為人所知的各月誕生石。

1月的誕生石　石榴石
寓意／真實、勝利、友愛、忠誠、生命力

2月的誕生石　紫水晶
寓意／誠實、高貴、心境平和、愛情

3月的誕生石　海藍寶石
寓意／沉著、聰明、勇敢

4月的誕生石　鑽石
寓意／永遠的羈絆、純潔、純愛、不屈不撓

5月的誕生石　祖母綠
寓意／幸福、幸運、愛、希望

6月的誕生石　珍珠
寓意／健康、長壽、富足、純潔

迷人的各種寶石 4
單斜晶系

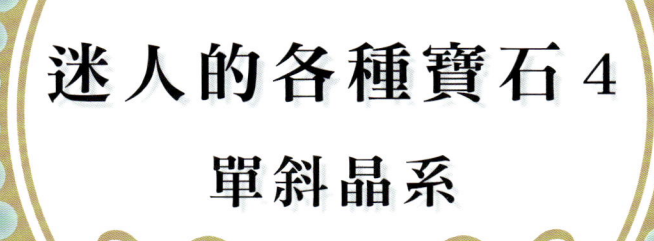

七大晶系家族中的各種單斜晶系寶石，
是指有長度各異的三條晶軸，
兩軸彼此斜交，第三軸則呈垂直相交。
此晶系家族中包括了翡翠等寶石。

在日本的歷史超過五千年
翡翠（Jadeite，輝石、硬玉）

※晶系是指其中的單一晶體

DATA	晶系	單斜晶系	硬度	6.5～7	比重	3.25～3.36	折射率	1.65～1.66
化學結構	NaAl[Si$_2$O$_6$]		顏色	無色、白色、綠色、黃綠色、黃色、褐色、紅色、橙色、紫色、粉紅色、灰色、黑色、藍色				
			主要生產國	緬甸、日本、俄羅斯、哈薩克、美國等				

迷人的各種寶石 4 單斜晶系

▲硬玉（翡翠），綠色是較具代表性的顏色

以翡翠之名廣為人知

　　硬玉（Jadeite）在日本以翡翠之名為人所知。另有一種寶石與它極為相似，稱作軟玉（Nephrite），但以礦物來說是截然不同之物。

　　相傳英文名稱 Jadeite 的由來，是登上美洲大陸的西班牙人發現印地安人會將這種石子佩戴在腰間以作治療之用，因此西班牙語稱之為「piedre de ijada（腰間石）」，「ijada」經過變化後便成了 Jadeite。一般較常見的是綠色，但實際上是顏色變化相當豐富的寶石。

想更深入了解！更多新奇有趣寶石小故事！ ①

輝石家族的成員（1）

翡翠（輝石）等擁有共同結構的礦物家族皆稱為「輝石」。有超過20種輝石歸屬於這個家族。各種輝石皆內含於形形色色的岩石中，會形成美麗結晶的類型則會用作寶石。

透輝石（Diopside）或紫羅蘭透輝石（Violane）等被稱為透輝石的石子，便是成為寶石的輝石之一。內含鈣、鎂與微量鉻的透輝石會變成鮮豔的綠色。另一方面，紫羅蘭透輝石的顏色是受到元素錳的影響而變成紫色，不過俄羅斯也有產出顏色罕見的藍色紫羅蘭透輝石。

▶含有鉻而變成綠色的透輝石

▶含有錳而變成紫色的紫羅蘭透輝石

迷人的各種寶石4 單斜晶系

翡翠之名取自於翠鳥

Jadeite在日本叫做「翡翠」。那麼，為什麼會取這個名字呢？答案是因為翡翠的顏色近似翠鳥的羽毛顏色。翠鳥的日文漢字就寫作「翡翠」。這是一種羽毛顏色為藍色、綠色、紅色與白色交織的美麗鳥類，人們是將翡翠的顏色比喻成翠鳥的迷人羽毛顏色才如此命名。居然將寶石名稱比喻為鳥類的美麗羽毛顏色，感覺莫名浪漫。

▶翠鳥美麗的羽毛顏色令人印象深刻

Photo by Ravivaidya

81

輝石家族的成員（2）

想更深入了解！更多新奇有趣寶石小故事！❷

「輝石」家族中，除了前面介紹的透輝石，另有紫鋰輝（Kunzite）與翠綠鋰輝石（Hiddenite）等，這些被稱為鋰輝石（Spodumene）。鋰輝石是成分中含有鋰與鋁的輝石。若含有錳便會呈現粉紅色，稱為紫鋰輝。另一方面，含有鉻而呈現綠色的則為翠綠鋰輝石。

▲紫鋰輝是呈現粉紅色的鋰輝石

迷人的各種寶石 4 單斜晶系

珠寶收藏品

自繩紋時代起便有關聯

硬玉（翡翠）是由小結晶聚集而成。這種寶石的結晶顆粒愈小則透明度愈高，價值也愈高。世界各地的軟玉產地相對較多，翡翠的產地則較有限。

據說日本是世界上最古老的翡翠產地之一，自繩紋時代起便開始開採翡翠，並用於雕刻等。新潟縣糸魚川附近一帶便是日本較著名的產地。在位於這個地區的翡翠故鄉館等處，則可欣賞在糸魚川周邊採集的翡翠原石展品。

寶石如何形成？

目前尚未釐清硬玉（翡翠）是如何形成的。較普遍的說法認為，硬玉是在相對較低溫（200～300℃）的地方，承受約1萬大氣壓的高壓，從鈉長石（曹長岩）分裂出來所形成。據說地球上滿足這些條件的地方極其有限，因此是相當珍貴的寶石。

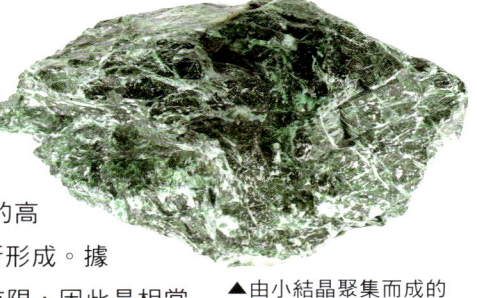

▲由小結晶聚集而成的硬玉，其中也有些長得較大的結晶

透明度高的綠色品質最佳

純淨的硬玉（翡翠）為白色，但是會因為結晶的聚集方式或內含的成分而染上顏色。一般認為，含有鉻與鐵會變成綠色，含有鐵或錳則會變成紫色。綠色且透明度高的翡翠品質最佳，被稱作「琅玕」。

▲硬玉以綠色最為著名，紅色也是眾所周知的代表性顏色

迷人的各種寶石4 單斜晶系

獲選為日本的國石

世界各國皆有代表或象徵該國家的石子（寶石），即所謂的國石。翡翠在日本的淵源深厚且歷史悠久，從繩紋時代起便運用於珠寶飾品或雕刻等。翡翠於2016年9月獲選為日本的國石。順帶一提，很多國家的國石都是以自己國家產出的寶石為象徵，但也有部分國家是以自己國家未產出的寶石作為國石。如有興趣，自行查詢看看也相當有趣。

▶於新潟縣糸魚川產出的翡翠

也會當作雕刻的材料
軟玉（Nephrite）

※晶系是指其中的單一晶體

DATA	晶系	單斜晶系	硬度	6〜6.5	比重	2.90〜3.02	折射率	1.61〜1.63
化學結構		$Ca_2(Mg,Fe^{2+})_5[OH\ Si_4O_{11}]_2$			顏色		白色、綠色、深綠色、黃綠色、黃色、淡黃色、褐色、灰色、黑色	
主要生產國		美國、加拿大、俄羅斯、中國、日本等						

迷人的各種寶石 4 單斜晶系

▲深綠色、白色與黑色是軟玉當中較具代表性的幾種顏色

容易被誤認為翡翠的寶石

　　軟玉容易被誤認為是翡翠的一種。在日本所說的翡翠指的是硬玉，軟玉則是另一種寶石。人們一開始以為它們是同種礦物，直到1863年，法國的礦物學家才釐清兩者為不同的礦物。軟玉在中國被稱為「玉」，歷史悠久，自古以來被視為珍貴之物而備受重視。

　　相對於Jadeite為硬玉，Nephrite稱為軟玉，據說是因摩氏硬度（作為衡量表面是否容易刮傷的標準）的數值較低。

寶石如何形成？

海底的岩石高高隆起，承受高壓而發生變質作用。一般認為是陽起石（Actinolite，綠閃石）與透閃石（Tremolite）的細小結晶聚集成塊後，形成軟玉。與被稱為硬玉的翡翠一樣，軟玉也是在造山運動所造就的地區開採出來的，不過發現的範圍比翡翠還要廣，且產地遍布世界各地。

▶ 據說軟玉多以塊狀或葡萄狀的形狀產出

迷人的各種寶石 4　單斜晶系

別具深度的顏色為一大特色

軟玉的顏色取決於鐵與鎂的含量。鐵的含量多會呈深灰色或深綠色，鎂的含量愈多則愈偏白色，純度高的白色透閃石被稱為「羊脂玉（Mutton-fat jade）」。

▲開採出來的軟玉中，品質為寶石級的少之又少

曾被鑲嵌於奧林匹克的獎牌上

軟玉在中國被視為價值不斐的寶石。據說古代中國的統治者將它用作權力的象徵，貴族則在身上佩戴軟玉的珠寶飾品作為高貴身分的證明。大家知道嗎？2008年夏天舉辦的北京奧林匹克所用的獎牌上，鑲嵌了中國青海省產的軟玉。這是首次在奧林匹克的獎牌上使用寶石材料。

如夢似幻的藍白色光輝
月光石（Moonstone，月長石）

DATA	晶系	單斜晶系	硬度	6～6.5	比重	2.58	折射率	1.52～1.53
化學結構	K[AlSi$_3$O$_8$]		顏色	無色、白色、灰色、橙色、淡綠色、黃色、褐色、淡藍色			
主要生產國	緬甸、印度、斯里蘭卡、坦尚尼亞等							

▲如月亮般柔和的藍白色光輝別具特色

石如其名，散發月亮般的光輝

　　很久很久以前，人們深信月光石是月光凝結而成的東西。語源來自希臘語「Selenites」，為「月亮」之意。據說古羅馬人認為這種寶石會根據月之圓缺改變樣貌，還可從中看到月亮女神黛安娜的身姿。此外，據說只要在滿月之夜將月光石含在口中，戀人便可預知兩人的未來。

　　月光石的魅力在於宛如月光的銀色或藍色光澤，同時留下了無數充滿浪漫色彩的傳說。

迷人的各種寶石 4　單斜晶系

寶石如何形成？

月光石是名為正長石的礦物成員，大多數的岩石中皆含有長石，鉀含量高的為正長石，鈉含量高則變成曹長石。這兩種礦物混合所形成的新礦物會隨著冷卻而再度分離，相互層層交疊並凝結而成之物即為月光石。

▲正長石與曹長石混合後分離，層層疊疊所形成的結晶

迷人的各種寶石 4 單斜晶系

▲長石會依類型甚至是結構而衍生出各式各樣的顏色

光彩奪目的光反射

透明度從透明、半透明到不透明皆有，會反射出稱為「月光效應（Adularescence）」、有如藍白色蛋白石般的光澤，這樣的光芒常被形容為呈「波浪狀」甚至是「搖曳狀」。除了白色，還有亮色至偏黑等色調，顏色範圍甚廣。

長石家族成員

除了月光石外，亦有其他知名長石。「拉長石（Labradorite）」是曹長石與灰長石的結晶交混，形成飽含灰長石的寶石，特色在於鮮豔的彩虹色光芒。飽含曹長石的寶石則稱為「太陽石／日長石（Sunstone）」。此石的細小金屬結晶會反射光線。另外還有名為「天河石（Amazonite）」的長石，亦作為雕刻的材料來使用。

▶太陽石，與月光石同屬於長石

有著如孔雀羽毛般的條狀紋

孔雀石（Malachite）

DATA	晶系	單斜晶系	硬度	3.5～4.5	比重	3.25～4.10	折射率	1.65～1.90
化學結構	$Cu_2[(OH)_2CO_3]$		顏色	綠色				
主要生產國	俄羅斯、納米比亞、坦尚尼亞、尚比亞等							

迷人的各種寶石 4 單斜晶系

▲綠色帶狀紋路十分獨特的寶石

充滿特色且別具深度的綠色

　　孔雀石自古以來便作為綠色顏料被用於壁畫或化妝等處。據說它的英文名稱Malachite是取自意指「錦葵」的希臘語「molōchē」，因為孔雀石的顏色近似錦葵葉子的顏色，日文名稱孔雀石則是因表面的微結晶集合體的條狀紋近似孔雀羽毛的紋路，故而得名。

　　有別於同樣以綠色寶石之姿聞名的祖母綠，孔雀石的特色在於不透明且別具深度的綠色，自古埃及時代以來持續備受喜愛，是歷史悠久的寶石之一。

寶石如何形成？

　　孔雀石是在銅礦山地表附近形成的礦物。二氧化碳與水接觸銅礦物後產生反應，溶解出的成分會形成極小的結晶。這些小結晶聚集並逐漸隆起，形成如葡萄粒般的大塊狀，有時也會長成細針狀的結晶或呈鐘乳石般的形狀。

▲長成葡萄粒狀的結晶

迷人的各種寶石4 單斜晶系

別具個性的獨特條狀紋

　　孔雀石是一種有著獨特條狀紋，別具特色的寶石。這種條狀紋從呈規則的同心圓狀，乃至呈斑駁狀，各種都獨具特色，且擁有愈看愈令人著迷的魅力。

▲深綠色與淡綠色的對比也很迷人

孔雀石的房間

俄羅斯的烏拉山脈是著名的孔雀石產地。位於俄羅斯聖彼得堡的艾米塔吉博物館的冬宮殿中，有一間名為「孔雀石室（The Malachite Room）」的房間。該空間中從柱子、餐具乃至花瓶都使用了孔雀石，是一個處處盡是孔雀石的房間。或許是因為位處主要產地，才能打造出這樣的房間。

▶「孔雀石室」內的大型柱子和各式各樣的裝飾上都使用了孔雀石

如虎眼般閃耀的光帶
虎眼石（Tiger's eye）

※晶系指各別的纖維結晶

DATA	晶系	單斜晶系	硬度	6.5～7	比重	2.58～2.64	折射率	1.53～1.54
化學結構	$Na_2Fe_3^{2+}Fe_2^{3+}[OH Si_4O_{11}]_2$			顏色	褐色、黃色、黃褐色			
主要生產國	南非、納米比亞、澳洲等							

迷人的各種寶石4 單斜晶系

▲深淺不一的條狀紋光帶更添美感

展現魅力的貓眼效應

　　虎眼石是石英當中滲入一種名為青石棉的纖維狀礦物並硬化而成。金色與褐色等交織成條狀紋的光輝，看起來就像老虎的眼睛，因此得到「虎眼石」之名。據說古埃及還將虎眼石用作神像的眼睛。

　　最大的魅力在於表面所呈現的光帶。這是由所謂的貓眼效應（只要移動石子光線就會移動的特殊光線效果）所引起。此外，據說自然變色而成的虎眼石極其稀少。

寶石如何形成？

虎眼石是在非常古老、數億年至數十億年前的鐵礦層中被發現的。在南非等地，於含有大量鐵分並層疊呈條狀紋的岩石縫隙中，筆直交織般形成細小的結晶。虎眼石便是纖維狀結晶青石綿經過加熱等氧化作用後，變成黃色或褐色所形成之物。

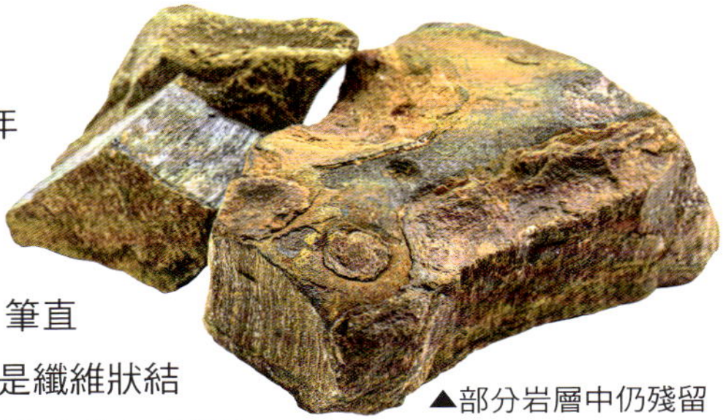

▲部分岩層中仍殘留著青石棉

透過著色變得五彩繽紛

虎眼石的成形會經過人工著色。首先，將原石浸泡在鹽酸中，溶解出鐵分的顏色，使它呈淡黃色。接著進一步浸泡在染料中上色，藉此產生顏色多樣的虎眼石。

▲透過著色即可享受各種色彩的樂趣

迷人的各種寶石 4 單斜晶系

名稱會隨顏色而異

青石棉中的鐵等氧化後變成黃色，即為虎眼石，不過每一種會依顏色變化而有不一樣的名稱。維持藍色不變的稱作「鷹眼石／藍虎眼石（Hawk's Eye）」，在變成黃色的過程中呈綠色的則稱為「狼眼石／綠虎眼石（Wolf's Eye）」。每一種都是以從顏色聯想到的動物眼睛命名亦為有趣之處。

▶鷹眼石為深藍色
Photo by Ra'ike

視覺衝擊強烈的蛇紋

蛇紋石（Serpentine）

DATA	晶系	單斜晶系	硬度	2.5～3.5	比重	2.20～2.90	折射率	1.55
化學結構	$Mg_6[(OH)_8Si_4O_{10}]$			顏色	黃綠色、墨綠色、褐綠色、黃色、白色、褐色、灰色、灰黑色			
主要生產國	緬甸、韓國、中國、澳洲等							

▲非透明型的蛇紋石

保平安的護身符石

　　蛇紋石（Serpentine）這個名稱是具有相似成分等的礦物家族名，可大致區分為反蛇紋石（Antigorite）、蜥蛇紋石（Lizardite）與纖蛇紋石（Chrysotile）。聚集而成的結晶神似蛇皮的紋路，因此日本將它命名為「蛇紋石」，Serpentine則源自拉丁語「Serpentinus」，意思是「如蛇一般」。相傳人們自古以來都相信蛇紋石能守護人免受危險或災厄而將它當作護身符來使用。

　　透明型而色彩鮮豔的青檸綠或螢光黃在美感上也不遜於其他寶石。

寶石如何形成？

於地底深處形成的橄欖岩與輝長岩在上升時承受著高壓，再加上熱水的作用，形成細小的蛇紋石結晶，蛇紋岩便是這些結晶結成塊狀所形成。蛇紋岩是發生大規模造山活動而隆起之處較常見的岩石，北海道的夕張岳與群馬的谷川岳等皆是由這種蛇紋岩所構成。

▲蛇紋石結晶聚集而成的蛇紋岩

吉祥的顏色

蛇紋石較常見的是綠色，不過即便同為綠色系，顏色也十分多樣，有偏黃的、接近褐色的，甚至是偏黑的等等。此外，如蛇般的紋路視覺衝擊也很強烈。

▲具透明感的類型會被加工成寶石

迷人的各種寶石4 單斜晶系

南非產的蛇紋石會以別名稱之

蛇紋石在世界各國皆有產出，其中產自南非且品質最高的蛇紋石又稱為「Infinite」。此名稱為1996年由美國人所命名，有「無限（infinite）」之意。另又稱為療癒石（Healer's stone），據說有療癒之效，作為禮物等也頗受歡迎，以療癒石之姿備受矚目。

顏色會依觀察的方向而變化
綠簾石（Epidote）

DATA	晶系	單斜晶系	硬度	6～7	比重	3.40	折射率	1.73～1.77
化學結構	$Ca_2Fe^{3+}Al_2[OH\ O\ SiO_4\ Si_2O_7]$			顏色	綠色、黃綠色、褐綠色、粉紅色、紅色			
主要生產國	奧地利、法國、俄羅斯、緬甸、日本等							

迷人的各種寶石4 單斜晶系

▲含有較多鐵時，綠色會變深

如竹簾般的結晶束

　　綠簾石亦為具備相似特性的礦物家族之統稱，另有黝簾石（Zoisite）與紅簾石（Piemontite）等10多種礦物皆屬於這個家族。結晶呈柱狀，還有個特色是柱狀的其中一個結晶面會比其他面還要寬。結晶會往橫向擴散並呈束狀，看起來很像竹簾，因而日本將它命名為「綠簾石」。

　　綠簾石既為其中一種礦物，亦為該家族之統稱。綠色的具有強烈的多色性，會隨著觀察的方向展現不同的面貌。

寶石如何形成？

綠簾石是構成綠片岩的礦物之一，是含有鋁、鈣與鐵的200℃左右的熱水進入岩石的縫隙或裂縫中並形成結晶。只要縫隙大且環境恆定，結晶便會逐漸成長變大。除了柱狀外，有時也會形成針狀、塊狀或粒狀等不同結晶。

▲柱狀結晶會往橫向擴散並長大

迷人的各種寶石4 單斜晶系

從淡色到深色

綠色與深褐色等為主要顏色，但也有發現灰色與褐色等顏色。含鐵量愈高，綠色會愈深，富含鋁則會變成褐色等。此外，粉紅色綠簾石是頗受喜愛的能量石。

▲多色性亦為具透明感的綠簾石的主要特色之一

外觀宛如包餡的麻糬

日本也有開採出綠簾石。在知名產地長野縣武石村（現在的上田市），曾於凝灰岩或安山岩的孔洞中發現充滿針狀綠簾石的罕見岩石。將該岩石切開並觀察其剖面，看起來很像鶯餡（日本傳統點心中的綠色豆餡），因此命名為「鶯餡烤麻糬石」。另有一種是內含白色水晶，所以稱其為「白餡」。

▶長野縣武石村的鶯餡烤麻糬石剖面

建造房屋不可或缺的石子

石膏（Gypsum）

DATA	晶系	單斜晶系	硬度	2	比重	2.3〜2.33	折射率	1.52〜1.53
化學結構	$Ca[SO_4]\cdot 2H_2O$			顏色	無色、白色、褐色、綠色、紅色、灰色、黃色			
主要生產國	中國、加拿大、澳洲、墨西哥等							

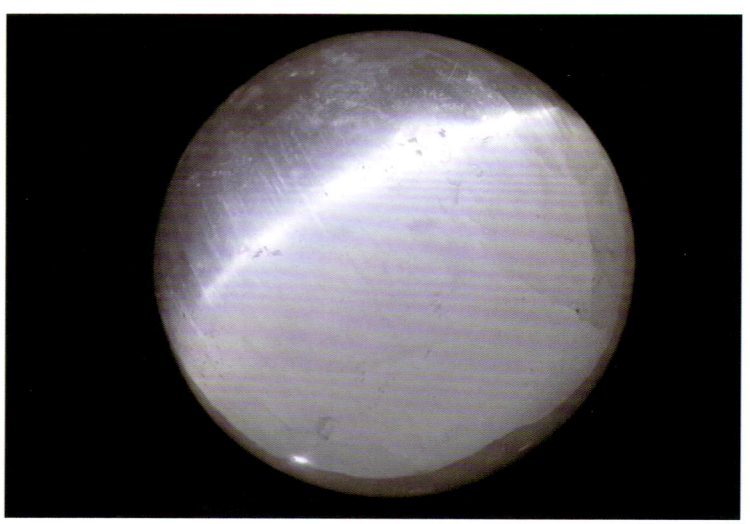

迷人的各種寶石 4 單斜晶系

▲首飾中所用的石膏名為透石膏

也能用來當作建築材料的重要礦物

　　石膏是一種產地遍布全球的常見礦物。根據特性和外觀，大致可分為為「透石膏（Selenite）」、「纖維石膏（Satin Spar）」與「雪花石膏（Alabaster）」三大類。其中用於首飾等的類型是透明度高且呈柱狀結晶的透石膏。

　　被歸類為透石膏，如玻璃般透明清澈的石膏，在歐洲曾被用於教堂的窗玻璃，因而又有「聖母瑪利亞的玻璃」之稱。順帶一提，加熱去除水分的石膏粉末是住家牆面或醫療用石膏等的材料。

寶石如何形成？

石膏可在各種環境中生成，比如沉積岩中、火山噴氣口周圍，或是出現在海水蒸發之處。當海底因地殼變動等因素而隆起時，會形成封閉地形，使海水滯留其中，隨著該處海水蒸發，礦物結晶便由此而生。

▶結晶通常呈細長平行四邊形的薄板狀

▲因為所含元素而染上顏色

純淨的結晶基本為無色

透石膏基本上是無色透明的。不過會因為含有微量元素而帶有黃色或紅色等各種顏色。據說包括這種透石膏在內，每年所產出的石膏重達1億噸。

迷人的各種寶石 4 單斜晶系

宛如玫瑰花瓣的結晶

大家知道石膏中有一種形狀如玫瑰花般的結晶嗎？這種結晶稱為「沙漠玫瑰（Desert Rose）」，是在沙漠中含有礦物質的湖泊或沼澤的水中生成的結晶。這些結晶會以單體或集合體的形式產出，通常為白色，但若含有氧化鐵則會改變色調。此外，名為重晶石（Barite）的礦物也會產生沙漠玫瑰。

▶宛如藝術品般的結晶
Photo by Rob Lavinsky

97

廣泛應用於各種製品的礦物
雲母（Mica）

DATA	晶系	單斜晶系	硬度	2.5～4	比重	2.8～3.0	折射率	1.55～1.58
化學結構		K(Li,Al)$_3$[(F,OH)$_2$ AlSi$_3$O$_{10}$]			顏色		白色、黑色、灰色、褐黃色、偏褐色的白色、紫色、粉紅色、綠色	
					主要生產國		印度、中國、加拿大等	

迷人的各種寶石4 單斜晶系

▲含有雜質的雲母

結晶的形狀五花八門

雲母（Mica）因美麗的光澤，在日本又有「Kirara（閃耀）」之名，是50多種礦物所屬的家族名。雲母依顏色與外觀可大致區分為含鐵的「黑雲母（Annite，鐵雲母）」、含鋁的「白雲母（Muscovite）」，以及含鋰的「鋰雲母（Lepidolite）」。

其中首飾所用的被稱作「鉻雲母（Fuchsite）」，是由小結晶結成的塊狀物，因鉻等而染上漂亮的顏色。雲母內含於各種岩石之中，形狀也很多樣，還具有薄層剝落的特色。

寶石如何形成？

雲母是在各種條件與環境中形成的，內含於各式各樣的岩石中。以轉化為寶石質地的雲母為例，在岩漿溫度開始下降而形成由大結晶所構成的偉晶岩時，若含有大量的鋰，會變成鋰雲母偉晶岩，板狀或鱗片狀的鋰雲母會逐漸長大。此外，花崗岩與片麻岩等則內含大量白雲母的結晶。結晶是層層疊疊而成，但這些疊層會輕易剝落。

▲結晶呈板狀或鱗片狀等，依其所在的岩石而異

迷人的各種寶石4 單斜晶系

三種類型的雲母顏色各異

黑雲母為黑～黑褐色，白雲母為帶有玻璃光澤或珍珠光澤的無色或略白的透明色，鋰雲母則為白色～淡粉紅色。鉻雲母是白雲母中含有鉻而呈綠色。

▲這些結晶在經過精細的打磨後化作寶石

也會用於製造家電製品

雲母不但耐熱，還具有不易導電的特性，因此被活用在我們所熟悉的各種製品中。比方說，電熱水瓶或電鍋等所使用的加溫器，便是以雲母夾住散發熱能的部位。

近年來，雲母更進一步被用作汽車與建築物等塗料材料的一部分。它不僅可成為寶石，還被運用於各種領域。

專欄 5

7月～12月的誕生石

　　誕生石是經由美國寶石商廣傳至世界各地。有些月份不僅限於一種寶石，而是有多種誕生石。此外，日本的誕生石是1958年由全國寶石商公會所制定，分別於3月與5月加入與桃花節相關的紅色珊瑚及令人聯想到新綠的翡翠。除了與各月份有關的誕生石外，還有一種是366天每個日子當中都對應不同的誕生石。

7月的誕生石　紅寶石
寓意／熱情、愛情、威嚴、勇氣、仁德

8月的誕生石　橄欖石
寓意／夫妻之愛、幸福、和睦、希望

9月的誕生石　藍寶石
寓意／慈愛、誠實、真理、貞潔、友情

10月的誕生石　蛋白石
寓意／希望、純真、潔白、幸福

11月的誕生石　拓帕石
寓意／友情、希望、誠實、潔白

12月的誕生石　綠松石
寓意／成功、繁榮、健康

迷人的各種寶石 5
六方晶系

七大晶系家族中的各種六方晶系寶石，
是指長度相等的三條晶軸
於同一個平面上彼此120度相交，
且另有結晶軸與這三軸垂直相交。
此晶系家族中包括了電氣石等寶石。

帶電的寶石
碧璽（Tourmaline，電氣石）

※比重依類型大不相同，折射率也依類型而異

DATA	晶系	六方晶系	硬度	7～7.5	比重	3.03～3.31	折射率	1.61～1.64
化學結構	依類型而異		顏色	無色、白色、黑色、綠色、藍色、淡藍色、粉紅色、紅色、橙色、紫色、黃色、金色				
主要生產國	巴西、坦尚尼亞、莫三比克、斯里蘭卡等							

迷人的各種寶石 5　六方晶系

▲碧璽的顏色豐富，甚至有變色龍寶石之稱

號稱「什麼顏色都有」的顏色變化

　　碧璽以10月的另一種誕生石之姿為人所知。事實上，這不僅是單一礦物的名稱，而是以硼為主要構成元素的矽酸鹽礦物的家族名，其中包括了13種礦物。

　　特色在於顏色會隨著結晶中所含的離子類型而變化，會因微量的成分差異而出現各種顏色的豐富顏色變化為一大魅力。另有「變色龍寶石（Chameleon Gem）」之稱。由於碧璽的顏色實在太豐富，曾有個時期人們把淡色或黑色的碧璽認定為截然不同的礦物。

想更深入了解！更多新奇有趣寶石小故事！①

有西瓜之名的碧璽

碧璽根據成分不同而有各種類型。鋰電氣石（Elbaite）便是其中一種，碧璽的結晶在成長過程中，一旦所供應的元素組合發生變化，結晶的顏色可能會有所改變。不僅限於紅色、藍色或綠色等單色，一個結晶中呈現出兩種顏色的雙色碧璽也有不少類型。

其中有一種碧璽的外觀宛如切開的西瓜，邊緣為綠色，中央部位則呈紅色。這種寶石被稱為西瓜碧璽，作為首飾頗受青睞，作為能量石也大受歡迎。

▲結晶中有兩種顏色的雙色碧璽

▶西瓜碧璽，令人聯想到西瓜的剖面

迷人的各種寶石5 六方晶系

電氣石容易積塵？

碧璽有個特性，即結晶一旦發生溫度變化或承受壓力，就會帶電，在日本稱作「電氣石」。據說寶石店的展示櫃裡最先積塵的便是碧璽，這是因為此石在燈光照射下會升溫而帶靜電，導致灰塵聚集。這種碧璽的帶電特性經過人為的實踐，以電子信號器或紅外線感應器等型態運用於我們周遭各種物品之中。

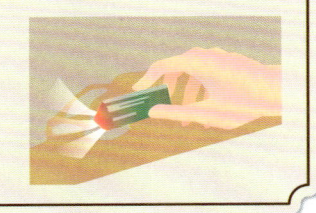

迷人的各種寶石 5 六方晶系

想更深入了解！更多新奇有趣寶石小故事！②

風靡全世界的霓虹藍「帕拉依巴碧璽」

1989年於巴西帕拉依巴州發現了前所未有的鮮豔霓虹藍帕拉依巴碧璽（Paraiba Tourmaline）。它的產量極少，有時價格比鑽石還要昂貴。非洲的奈及利亞也有產出，而一般認為遠古時期南美大陸與非洲大陸是相鄰的，令人感受到這也是種地球的浪漫。

▲霓虹藍的帕拉依巴碧璽極其稀少

珠寶收藏品

「跨越彩虹橋」的碧璽傳說

碧璽自古埃及時代以來便作為寶石而備受珍視。相傳它多樣的顏色從當時就令人為之著迷。據說碧璽曾從地球中心跨越彩虹橋往太陽的方向展開旅程。

碧璽甚至作為能量石而視為珍寶，相傳埃及的薩滿（咒術師）會為了提高靈性能力而佩戴碧璽，美國原住民則將它視為帶來大自然能量的「神聖靈感之石」，並用於神聖的儀式當中。

寶石如何形成？

　　碧璽主要是以副成分礦物之姿出現在花崗偉晶岩（大型結晶的火成岩）當中，多樣的顏色取決於所含的微量元素。日本也有產出碧璽，不過開採成本高，因此現階段日本產的碧璽尚未在市場上流通。

▲結晶大多以柱狀或針狀產出

每個顏色都有不同的名稱

　　碧璽的顏色相當多樣，每一種都曾被認為是別的礦物，因此依色澤而有不同的寶石名稱，例如紅碧璽（Rubellite）、藍碧璽（Indigolite）、綠碧璽（Verdelite）、無色碧璽（Acroite）、棕色碧璽（Dravite），還有黑碧璽（Schorl）等。

▲碧璽的色彩繽紛，可以從賞玩中得到樂趣

迷人的各種寶石5 六方晶系

連慈禧太后都愛不釋手的碧璽

慈禧太后是19世紀後半葉至20世紀初中國的皇太后，據說她在歷經權力的明爭暗鬥後，晚年對碧璽十分著迷。相傳每年慈禧都會從美國聖地牙哥郡的知名碧璽礦山採購好幾噸的碧璽。並有慈禧曾以被稱為「西瓜」的翡翠為枕而眠的傳言，不過有些研究推測那種翡翠其實就是西瓜碧璽。

迷人的各種寶石 5 六方晶系

「化作寶石的海洋」，為夏日帶來涼意

海藍寶石（Aquamarine，藍柱石）

DATA	晶系	六方晶系	硬度	7.5～8	比重	2.68～2.74	折射率	1.56～1.60
化學結構	$Al_2Be_3[Si_6O_{18}]$		顏色	亮藍色、深藍色				
主要生產國	巴西、馬達加斯加、莫三比克、奈及利亞等							

▲令人聯想到純淨海洋的藍色

海水般清爽的透藍色寶石

海藍寶石具透明感的美麗藍色頗受喜愛。在礦物學上，與祖母綠同為綠柱石（Beryl）的成員，卻有著與祖母綠的綠截然不同的色調。距今約2,000年前由羅馬人命名，語源是由拉丁語中意指「水」的「Aqua」與意指「海」的「Marine」所組成。

以3月的誕生石之姿為人所知，尤其夏天經常被用作召喚涼意的寶石，這是因為一則古老的神話，據說海洋精靈的寶物被沖到海灘上，化作名為海藍寶石的寶石。

寶石如何形成？

在岩漿冷卻變成岩石的最後階段，有些地方會形成含有水、二氧化碳與揮發性成分的岩漿。岩漿於該處冷卻，在水分與氣體排出後形成孔洞，含鋁等的溶液進入其中，並逐漸冷卻形成結晶，綠柱石就此誕生。綠柱石在純淨狀態下是無色透明的，若有鐵混入其中會變成藍色的海藍寶石，若混有鉻或釩等元素則是變成綠色的祖母綠。

▲綠柱石中混合了鐵便會形成藍色的結晶

迷人的各種寶石5 六方晶系

▲除了清新的淡藍色外，也有深藍色的海藍寶石

最高品質的「聖瑪利亞」

海藍寶石中最高級的會稱作「聖瑪利亞（Santa Maria）」。一般的海藍寶石呈淡藍色，聖瑪利亞則是以深藍色為特色的寶石，以每克拉的價格來看，竟與一般的海藍寶石有10倍以上的價差。

中世紀歐洲船員的護身符

海藍寶石的名稱源於「海水」。據說中世紀歐洲的船員相當珍視這種石子，將其視為確保航海平安的護身符，並佩戴使用海藍寶石製成的戒指等，在整個航程中都隨身攜帶不離身。此外，眾所周知，在眾多美麗的寶石中，法國皇后瑪麗・安東妮格外偏愛這種海藍寶石與鑽石。

107

有著變化無窮的紋路與色彩，堪稱大自然的藝術
瑪瑙（Agate）

※晶系是指其中的單一晶體

DATA	晶系	六方晶系	硬度	7	比重	2.58～2.64	折射率	1.53～1.54
化學結構	SiO_2	顏色	白色、灰色、褐色、紅色、黃色、藍色、綠色、紫色、粉紅色、橙色、黑色					
橙色、黑色		主要生產國	巴西、印度、墨西哥、南非等				

迷人的各種寶石5 六方晶系

▲據說每顆瑪瑙的形狀與顏色都不一樣

除了裝飾品與工藝品外，也用來當成石器的材料

　　Agate在日本稱為瑪瑙。即便是從同一個地方挖掘出來的，每一顆的外觀都不盡相同，根據石塊的切割方式還會呈現出截然不同的形狀。

　　瑪瑙有著鮮豔的色彩與各式各樣的紋路，它的美麗自古以來令無數人為之著迷。目前在歐洲、中近東、西亞等世界各國皆已發現數千年前的瑪瑙裝飾品與工藝品。此外，瑪瑙非常硬，打碎後會產生鋒利的剖面，因此也用來製作石器或箭頭的材料。

寶石如何形成？

有些瑪瑙是溶液流入火山岩（噴湧出的熔岩冷卻凝固而成）中所形成的氣泡痕等縫隙間，矽沉澱後所形成；有些則是矽滲入石灰岩或泥岩等沉積岩中所形成。內含的矽慢慢沉澱後會形成微小的結晶層。在如此反覆的同時，會逐漸形成條狀紋，在這過程中混入雜質的晶層則會染上顏色，創造出偶然與規律交織而成的大自然藝術。

▲混有雜質的晶層會逐漸染上顏色

有著條紋以外紋路的瑪瑙

在瑪瑙形成的過程中或形成之後，若有錳或氧化鐵等結晶進入，便會產生有著非條狀紋紋路的瑪瑙。有紋路呈羽毛狀或植物狀的羽毛瑪瑙（Plume Agate）、看起來像是苔蘚或水草混入其中的苔蘚瑪瑙（Moss Agate）等，根據形狀取了各種名稱。

▲瑪瑙也有條狀紋以外的紋路

作為浮雕材料的「縞瑪瑙」

浮雕珠寶從西元前的古老時代起就備受人們喜愛。它是指在寶石上雕刻出具有立體感的圖案後所製成的珠寶。其中，有著白色條紋的瑪瑙「縞瑪瑙（Onyx）」是較具代表性的浮雕用寶石之一。白色與紅色組成的稱為「紅縞瑪瑙（Carnelian Onyx）」、褐色與白色組成的稱作「纏絲瑪瑙（Sard Onyx）」，人們利用其不同晶層的顏色對比，創造出無數詮釋美麗圖案的精彩作品。

▶肖像浮雕珠寶

迷人的各種寶石 5　六方晶系

109

清新的透明感與色彩別具魅力
玉髓（Chalcedony）

※晶系是指其中的單一晶體

DATA	晶系	六方晶系	硬度	7	比重	2.58～2.64	折射率	1.53～1.54
化學結構	SiO_2	顏色	白色、灰色、藍色、紅色、褐色、黃色、綠色、黃綠色、黑色、紫色、粉紅色					
主要生產國	巴西、印度、馬達加斯加、墨西哥、南非等							

迷人的各種寶石5 六方晶系

▲每種顏色皆有各自名稱的玉髓

顏色變化豐富而備受喜愛的寶石

　　玉髓的半透明色調相當溫和且別具魅力。在日本被稱為「玉髓」，自古以來即廣為人知。

　　其特色在於顏色變化十分豐富且各自擁有不同的名稱，深紅色的稱為「光玉髓（Carnelian）」，黃中帶點褐色的稱為「褐紅玉髓（Sard）」。

最受歡迎的是令人聯想到青蘋果的亮綠色「綠玉髓（Chrysoprase）」，儼然成了玉髓的代名詞。獨特的清新綠色是因為含有微量的鎳所致。

寶石如何形成？

　　玉髓與水晶同為石英系的寶石，形成於熔岩或岩石的孔洞內側。有幾種寶石的構成成分相似，根據特色上的差異而有不同的名稱。有著條狀紋等各種紋路的為瑪瑙（Agate），透明度低且色調較暗沉的為碧玉（Jasper）、透明度高且無紋路的則為玉髓（Chalcedony）。雖然同樣含有矽成分，但形成結晶時的環境與條件上的差異孕育出如此多樣的寶石。

▲形成於熔岩或岩石孔洞內側的玉髓

▲經過打磨的半透明綠色玉髓有時會被誤認為翡翠

希臘？還是土耳其？

　　玉髓的英文名稱由來眾說紛紜，有一說認為是取自古希臘出產這種寶石的地名「卡爾西登（Chalcedon）」，另有一說認為是土耳其的一個城鎮「迦克墩（Chalcedon）」大量開採出這種寶石而成為它的語源。

迷人的各種寶石5　六方晶系

美索不達米亞文明中用玉髓來刻印章

玉髓是一種歷史悠久的寶石。目前已於約6,000～5,000年前孕育出人類最古老文明的美索不達米亞發現了用這種玉髓加工而成的首飾與圖章。所謂的圖章是類似如今所說的印章，以黏土封住裝有重要財寶等的罐子或倉庫入口處的門扉並蓋上印章，用以顯示裡面物品的持有者，或是作為尚未開封的證明。

日本人發現的療癒石
舒俱徠石（Sugilite，杉石）

DATA	晶系	六方晶系	硬度	5.5～6.5	比重	2.7～2.8	折射率	1.60～1.61
化學結構	$KNa_2(Fe^{2+},Mn^{2+},Al)_2Li_3[Si_{12}O_{30}]$				顏色	紅紫色、粉紅色、淡黃褐色		
主要生產國	南非、日本、義大利、澳洲等							

迷人的各種寶石 5　六方晶系

▲色調深邃，令人印象深刻的寶石

世界三大療癒石

　　舒俱徠石在日本稱為杉石，取自發現者之一的日本岩石學家杉健一博士。以塊狀或粒狀產出，美麗的紫色則是因錳致色。別具深度的深色調與獨特的紋路令人不禁被吸引。

　　舒俱徠石作為能量石也頗受歡迎，與僅挖掘自中南美加勒比海上的島國多明尼加共和國的「拉利瑪裸石（Larimar）」，以及僅產自俄羅斯極東地區的薩哈共和國的「紫龍晶（Charoite）」，並列為世界三大療癒石之一。

寶石如何形成？

岩漿進入錳的礦床中，熱能使錳礦床的成分與岩漿的成分產生反應，形成極小的結晶，舒俱徠石便是這些結晶沉澱後聚集而成的塊狀物。1944年於瀨戶內海愛媛縣島嶼上最先發現的是淡黃褐色的石子而非紫色，直到32年後的1976年才釐清這是一種全新的礦物。紫色舒俱徠石主要產自非洲，製作成的寶石相當受到喜愛。

▲舒俱徠石是微小結晶聚集而成的塊狀物

迷人的各種寶石5 六方晶系

▲每一顆舒俱徠石皆有獨特的顏色與紋路

變化多樣的舒俱徠石

舒俱徠石較具代表性的顏色是深紫色，不過其實它的色澤變化相當多樣。除了具透明感的紫色帝王舒俱徠石（Imperial Sugilite）、淡粉紅色的粉紅色舒俱徠石（Pink Sugilite）外，還有圓形花朵紋路的花卉舒俱徠石（Flower Sugilite）。

帶來療癒感的舒俱徠石

據說在能量石中，舒俱徠石的「治癒」與「淨化」的療癒感特別高，在世界各地多方運用。據說有助於排除不安、憤怒與嫉妒等人類的負面情緒，亦能幫助減輕壓力等負面能量。顏色的深淺方面有個特性，即顏色愈亮愈柔和，顏色愈深則能量愈強大。

希望保持內心平靜或抑制負面情緒的人，不妨試著佩戴此石作為護身符，或許會有不錯的效果喔！

微生物創造出的海洋寶石
珊瑚（Coral）

DATA	晶系	六方晶系	硬度	3.5～4	比重	2.6～2.7	折射率	1.49～1.65
化學結構	$CaCO_3$＋碳酸鎂＋胡蘿蔔素等有機物			顏色	白色、紅色、粉紅色、橙色			
主要生產國	（以寶石開採的珊瑚）地中海、夏威夷沿岸、日本近海等							

▲珊瑚原本是沒有顏色的，因含有色素或鐵分才染上顏色

予人溫暖印象的海洋兩大寶石之一

寶石珊瑚有紅色、粉紅色與白色等各式各樣的顏色，予人溫暖的印象。事實上，珊瑚既非礦物亦非植物，而是由海中微生物所形成。

珊瑚包括可形成珊瑚礁的造礁珊瑚，以及作為珠寶來運用的寶石珊瑚，相對於造礁珊瑚是棲息於淺海區且生長迅速，寶石珊瑚是在深海區緩慢地生長。寶石珊瑚的骨骼非常堅硬，打磨後會散發出美麗的光澤，與珍珠並稱為「海洋兩大寶石」，自古以來在世界各地備受喜愛。

迷人的各種寶石5　六方晶系

寶石如何形成？

有些珊瑚會如樹木般分枝，乍看之下很像植物，但其實是動物。與海葵、水母是同類，被分類為刺絲胞動物。寶石珊瑚會捕食深海的微小浮游生物等，個體逐漸分裂並形成珊瑚群，歷經數百年歲月緩慢地生長。會在活的珊瑚群下方形成骨骼，並隨著成長而逐漸變大。

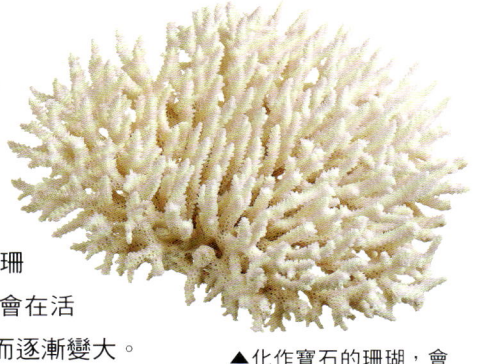

▲化作寶石的珊瑚，會分枝並形成珊瑚群

迷人的各種寶石 5　六方晶系

採集珊瑚的地點

寶石珊瑚主要採自三個地區，分別是地中海沿岸、日本與台灣沿岸、夏威夷與中途島沿岸。大小、顏色與品質上有所不同，自然環境的差異使各地區的珊瑚各有各的特色。

▲珊瑚除了成為寶石外，亦會維持枝狀化作裝飾品

寶石珊瑚是召喚幸福的證明

寶石珊瑚是於奈良時代從地中海穿越絲路進入日本，用以作為珠寶或護身符而備受珍視。日本國內最古老的珊瑚目前收藏於奈良縣東大寺的正倉院中。另一方面，蘇格蘭有則傳說認為珊瑚會「賦予少女美麗並帶來繁榮」。據說英國的伊莉莎白二世出生9個月大時，便收到母親所贈的粉紅色珊瑚項鍊。無論在哪個國家或地區似乎都被視為召喚幸福的證明為大家熟悉。

> 專欄 6

化為寶石的各種生物

　　除了珍珠與珊瑚外，還有許多寶石並非礦物，而是由生物所產出。這裡要介紹的是動物中的大象與烏龜。象牙與龜殼也被用來作為珠寶或裝飾品。

▲色調散發著高級感的玳瑁墜飾

「玳瑁」是海龜同類的龜殼

「玳瑁」又稱作龜甲，是以海龜同類的龜殼製成的加工品。日本自古以來便將玳瑁用作裝飾或加工品等。奈良縣東大寺的正倉院中也保留著使用「玳瑁」製成的寶物。它的特色在於美麗的龜殼紋路。帶點紅的黃色中有深褐色的紋路，在日本，黃色部分愈多則價值愈高。

▲愈來愈稀少，價值也持續提高的象牙項鍊

用於各種加工製品的「象牙」

所謂的象牙，是指大象長長的門牙。「象牙」的英語為「Ivory」，打磨橫剖面便會出現條狀紋。會適度吸收濕氣，材質不會過硬或過軟，還具有優異的加工性，因此被運用於項鍊與手鍊等首飾、雕刻、念珠、圖章等五花八門的加工品。

迷人的各種寶石 6
正方晶系、三斜晶系

七大晶系家族中的各種正方晶系與三斜晶系寶石，
前者是彼此垂直相交的三條晶軸中
有2軸等長、僅上下軸的長度各異；
後者則是長度各異的三條晶軸彼此斜交。
正方晶系家族中有鋯石，
三斜晶系家族中則包括綠松石等寶石。

迷人的各種寶石6 正方晶系、三斜晶系

地球上最古老的礦物
鋯石（Zircon，風信子石）

※比重與折射率依類型而異。

DATA	晶系	正方晶系	硬度	6.5～7.5	比重	3.95～4.70	折射率	1.78～1.99
化學結構	Zr[SiO₄]		顏色	褐色、黃色、橙色、紅色、紅褐色、黃綠色、綠色、白色、無色、藍色				
主要生產國	柬埔寨、坦尚尼亞、斯里蘭卡、澳洲等							

▲鋯石的天然顏色多為略帶褐色的結晶

自古以來備受珍視的古老寶石

　　許多書籍中皆曾提及鋯石，留下各式各樣的傳說。《聖經》中描述此石為賜予摩西的「火石」之一，還被嵌入耶路撒冷城牆的地基中等。

　　不僅如此，在古印度「劫波樹（kalpa tree）」的故事中寫道，將葉片上嵌滿無數鋯石而閃閃發亮的樹木獻給了神明。在猶太的傳說中，被派來監視伊甸園裡的亞當與夏娃的守護天使名字就叫Zircon。

想更深入了解！更多新奇有趣 寶石小故事！①

鑽石的優質替代品

寶石大多帶有玻璃光澤，不過鋯石是唯一與鑽石一樣具備金剛光澤的天然石。產量比鑽石還要多，因此作為高價且珍貴鑽石的優質替代品廣泛利用。無色透明的鋯石外觀神似鑽石，因此有時很難一眼就分辨出是哪一種，不過其實有一種簡單的辨別方式。

鋯石有個獨特的特性，稱為雙折射。利用該特性即可分辨是哪一種。將石子放在畫了一條線的紙上，從上方看如果呈兩條線，即為鋯石。鋯石會使折射光於交界面處一分為二，故而看起來有兩條線。

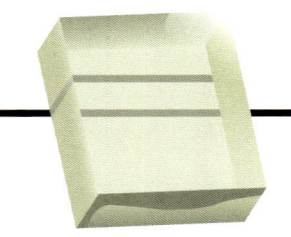

將透明的鋯石放在畫了一條線的紙上，從上方看會呈兩條線。

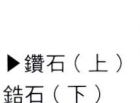

▶鑽石（上）
鋯石（下）

迷人的各種寶石 6 正方晶系、三斜晶系

地球上最古老的礦物

2001年於西澳洲的傑克山區發現了約人類頭髮髮尖大小的極小鋯石結晶，後來的調查斷定，這種鋯石竟然是在44億年前化為結晶。此為地球上最古老物質的重大發現。據說地球誕生於約46億年前，這種鋯石即便歷經大陸飄移、造山活動與小行星撞擊等，仍完好無損，持續將原始地球的樣貌傳遞至現代。

▶於44億年前化為結晶的鋯石

Photo by JOHN VALLEY. UNIVERSITY OF WISCONSIN-MADISON

119

想更深入了解！更多新奇有趣 寶石小故事！❷

鋯石與立方氧化鋯為截然不同之物

　　鋯石是矽酸與鋯結合而成的天然礦物，立方氧化鋯（Cubic Zirconia）則是以鋯與氧氣人工化合而成的「二氧化鋯」合成石。結晶的結構也截然不同。一般認為，立方氧化鋯被引進日本時，大家對二氧化鋯（Zirconia）這個名稱尚不熟悉，故而與鋯石（Zircon）混為一談。

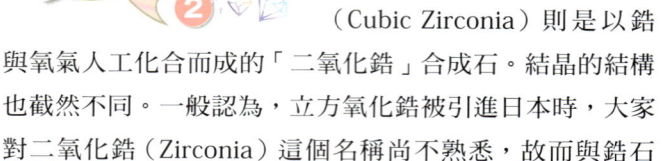

▲立方氧化鋯為二氧化鋯的合成石

珠寶收藏品

含有微量的放射性元素

　　鋯石的名稱由來眾說紛紜，有說是取自意指「朱色」的阿拉伯語或意指「金色」的波斯語等，內含微量的鈾或釷。這些都是放射性元素，但含量極少，因此無須擔心放射線量。來自自然界的放射線量每年約為2毫西弗，而從鋯石內部釋放出的放射線量遠比這個低得多，約為1.4毫西弗。

　　此外，放射性元素會逐漸破壞結晶的構造，不過作為寶石在市面上流通的大多是所謂的高鋯型，對結晶的損傷較少。

寶石如何形成？

　　鋯石是以各種火成岩中的微小結晶之姿於地球上廣泛產出。岩漿冷卻變成岩石時會析出副成分，偶爾會形成大型結晶，這些會作為寶石來利用。微小的鋯石粒子被稱為鋯砂（Zircon Sand），在工業領域作為鑄造砂、耐火材料或重要工業材料金屬鋯的原料等。

▲鋯石的結晶是在岩石中成長，再隨著風化從該岩石中脫離

透過加熱處理改變顏色

　　作為寶石的鋯石大多經過加熱處理。在加熱過程中，透過控制空氣中的氧氣濃度，即可使之變成無色透明、藍色或黃褐色。尤其是在柬埔寨臘塔納基里省產出的鋯石，會散發出名為臘塔納基里藍（Ratanakiri Blue）的美好藍色，相當受歡迎。有一說認為，市面上流通的鋯石有80%都是藍色鋯石。

▲透過加熱處理改變顏色

> **日常生活中所使用的鋯**
>
> 鋯石的主要成分是鋯。不易生鏽、耐熱且堅硬，因此被運用於各種領域。比如我們周遭的菜刀、平底鍋的鍍膜、人工骨骼或人工牙齒的材料、陶瓷製品等。此外，因其不易吸收中子的特性，在核能領域成了不可或缺的存在。

迷人的各種寶石 6　正方晶系、三斜晶系

自古以來被當作裝飾品使用
綠松石（Turquoise，土耳其石）

※幾乎不會形成肉眼可見的結晶

DATA	晶系	三斜晶系	硬度	5～6	比重	2.6～2.9	折射率	1.61～1.65
化學結構	$Cu^{2+}Al_6[(OH)_2 PO_4]_4 \cdot 4H_2O$			顏色	藍色（另有略帶綠色或略帶黃色的綠松石）			
主要生產國	阿富汗、中國、印度、伊朗、美國等							

迷人的各種寶石 6　正方晶系、三斜晶系

▲除了明亮的天藍色外，有些還帶有紋路

美麗的藍綠色令人印象深刻

　　綠松石的魅力在於鮮豔的色調，令人聯想到天空或海洋的藍。亦作為12月的誕生石而廣為人知。它的歷史悠久，於美索不達米亞發現了西元前5,000年的綠松石珠子等，在世界各地被視為神聖之石、蘊含力量的石子而備受珍視。

　　這是一種以銅與鋁為主要成分的礦物，藍色是因銅致色。當部分的鋁換成了鐵，就會略帶綠色，因而有各種色調的藍色或綠色綠松石。如今全球的產量持續下降，看到真正綠松石的機會也隨之減少。

寶石如何形成？

　　來自沙漠等乾燥地區銅礦床的銅，與來自生物化石等的磷，兩者滲入岩石的同時，混合了來自周遭岩石的鋁，這些成分在岩石的縫隙中積聚。在接近地表之處而溫度沒那麼高的環境中，無法形成大型結晶，成分會緩緩沉澱，形成微小結晶的集合體。綠松石便是由此而生。

▲微小結晶匯聚而成的綠松石

中近東、美國原住民與綠松石

▲與中近東及美國原住民都有深厚關係的綠松石

　　歷史上有兩個地區與綠松石淵源深厚，埃及、伊朗與伊拉克等中近東即為其一。人們認為此石可帶來好運而格外珍視。另一個地區則是美國的內華達州、亞利桑那州與新墨西哥州。由自古定居於此的美國原住民開採長達1,000年之久，製造出項鍊與手鐲等工藝品。

迷人的各種寶石6　正方晶系、三斜晶系

蘊含眾神之力的天空寶石

古代人相信有著明亮天藍色的綠松石中蘊含著住在天上的眾神之力。相傳一旦有危險迫近，綠松石就會變色，向持有者預示災厄，因此被當作旅行護身符或賦予勇氣或幹勁的護身符。至今仍有些美國原住民的部落將綠松石用於祈雨或狩獵儀式中。

123

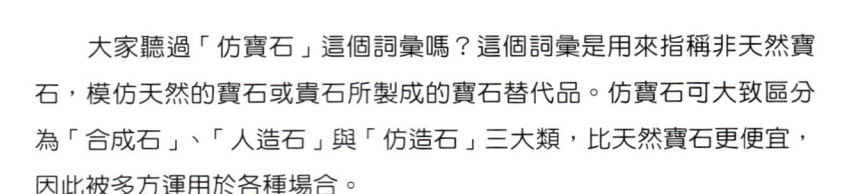

專欄7
仿寶石：「合成石」、「人造石」與「仿造石」

　　大家聽過「仿寶石」這個詞彙嗎？這個詞彙是用來指稱非天然寶石，模仿天然的寶石或貴石所製成的寶石替代品。仿寶石可大致區分為「合成石」、「人造石」與「仿造石」三大類，比天然寶石更便宜，因此被多方運用於各種場合。

▲合成藍寶石

何謂合成石？
合成石是指人工製成的石子。成分與天然石相同或幾乎一致。包括合成剛玉（紅寶石、藍寶石）、合成鑽石與合成祖母綠等，不僅限於珠寶飾品，還會用於工業用途。

▲人工鑽石「立方氧化鋯」

何謂人造石？
人造石是指由人類創造而自然界中不存在的石子。又稱為類似石或單純稱作imitation（模仿）。玻璃是這種人造石常用的素材。成品包括紅寶石、藍寶石、鑽石、綠松石（土耳其石）等。

▲施華洛世奇推出形形色色的首飾

何謂仿造石？
仿造石是指以玻璃、塑膠或陶器等加工製成的石子。與人造石一樣，又稱為類似石或單純稱作imitation。較著名的品牌有施華洛世奇（Swarovski）與日本棉珍珠（Cotton pearl）等。其中，玻璃特別常用於廉價商品。

更多迷人的寶石

有些石子並非結晶或非礦物
而是由生物所製成，卻仍被稱作寶石。
這些都是稍微罕見的寶石。
讓我們來看看都有哪些寶石吧。

彩虹光芒搖曳生輝的寶石
蛋白石（Opal）

DATA	晶系	非晶質	硬度	5.5〜6.5	比重	1.98〜2.50	折射率	1.37〜1.52
化學結構	$SiO_2 \cdot nH_2O$		顏色	無色、白色、黃色、橙色、紅色、粉紅色、黃綠色、綠色、藍色、紫色等				
主要生產國	澳洲、巴西、衣索比亞、南非、坦尚尼亞等							

更多迷人的寶石

▲光影移動十分神祕的蛋白石

會變色的珍貴石子

Opal這個名稱源自古印度梵文「Upala」，意為「珍貴的石子」。由此延伸至拉丁語的「Opalus」，這個字則是源於希臘語「Opallios」，意指「觀察顏色的變化」。如這兩個詞彙的含意所示，這是一種「可看到顏色變化的珍貴石子」。

蛋白石不僅會散發出紅色、藍色、黃色等色彩繽紛的光輝，若改變觀看的角度，看起來就像彩虹光芒在移動，稱為「遊彩效應（Play of Color）」。帶遊彩效應的蛋白石稱為「貴蛋白石（Precious Opal）」，其餘為「普通蛋白石（Common Opal）」。

想更深入了解！更多新奇有趣寶石小故事！ ①

從蛋中誕生的蛋白石？

坎特拉蛋白石（Cantera Opal）別名為墨西哥蛋白石，是有墨西哥產且可見遊彩效應的母岩附著的蛋白石。從令人聯想到蛋殼的母岩中現身的，竟是閃耀著彩虹色光輝的寶石。會連同母岩一起取出蛋白石，研磨後再進行精細加工，因此在出產地墨西哥會稱這種母岩為坎特拉（cantera，採石場之意）。

▶閃動著七色光輝的坎特拉蛋白石

坎特拉蛋白石的外觀獨特且散發著神祕氛圍，經過精美切割與加工的珠寶自不在話下，即便維持裸石的狀態，仍是令人愈看愈愛不釋手的寶石。

▶附著於母岩，猶如生物所生的蛋

更多迷人的寶石

挽救蛋白石市場的女王

19世紀，受到一本女主角因持有蛋白石而遭遇不幸的小說影響，蛋白石市場曾一度面臨危機。那本小說寫道，女主角只要一發怒，手中的蛋白石便會發紅如火焰，在女主角死後則變成灰色。英國的維多利亞女王拯救了這場危機，她使用蛋白石珠寶作為王室的結婚禮物，創造了防止蛋白石市場崩潰的契機。

想更深入了解！更多新奇有趣寶石小故事！ ②

價值會依遊彩紋路而異

蛋白石的遊彩包括了紅色、綠色、黃色與紫色等，看起來就像彩虹一般。據說其中評價最高的是紅色，其次是橙色、綠色與藍色。此外，遊彩紋路也十分多樣，有呈小斑點狀的星火紋（Pinfire），或呈長方形等大斑點狀且如拼布般相連的彩紋（Harlequin）等。

▲唯有整顆蛋白石皆布滿紋路的才會稱作彩紋

珠寶收藏品

以遊彩效應分類的兩種蛋白石

蛋白石可分為兩種類型，一種是貴蛋白石，表面會出現彩虹紋路閃耀的遊彩效應；另一種則是不會出現遊彩效應的普通蛋白石。

會呈現遊彩效應的貴蛋白石中，以白色蛋白石、黑色蛋白石、火蛋白石、水蛋白石等較具代表性。不會出現遊彩效應的普通蛋白石則以不透明至半透明的粉嫩色居多，較著名的粉紅蛋白石，其正式礦物名稱為「坡縷石（Palygorskite）」。

寶石如何形成？

蛋白石是形成於地下淺層處，也就是接近地表的地方。含有大量矽酸（此為形成蛋白石所需成分）的地下水，在約50℃的低溫下不會產生結晶，而是形成微小矽球一點一點地沉積在岩石縫隙中。若持續維持溫度恆定的環境，這些大小幾乎一致的球體會規則排列，當水填滿球體之間的縫隙後，就會形成發光的蛋白石；而球體排列不規則時，則會形成不發光的蛋白石。

▲形成於富含矽（一種礦物）的沙漠地帶等

融合石子顏色與彩虹光芒

石子中處處帶有彩虹色彩般的美麗蛋白石。不僅石子的顏色變化豐富，石子中呈現的彩虹光芒更凸顯出各別的特色，每一顆都呈現出令人賞心悅目的紋路。

▲如今全世界95％的蛋白石都開採自澳洲的知名礦山

雖為非晶質，卻以礦物之姿接受認證

蛋白石雖為非晶質，卻是唯一例外獲得礦物認證的石子。礦物的定義有一條是「具備結晶構造」。嚴格來說，非晶質（隱晶質）的蛋白石是一種準礦物（不具結晶結構，類似礦物的天然物質），但國際礦物學協會卻破例承認蛋白石為正式的礦物。除此之外，火山岩之一的黑曜石等也和蛋白石一樣為非晶質，被用於裝飾品與珠寶等。

更多迷人的寶石

129

映照出星空的寶石
青金石（Lapis Lazuli）

DATA	晶系	非晶體狀態	硬度	5～5.5	比重	2.5～3.0	折射率	1.50
化學結構	以天藍石為主的藍色礦物組合		顏色	深藍色中混有金色或白色			
主要生產國	巴西、印度、墨西哥、南非等							

▲鮮豔皇家藍的青金石被視為最高品質

如星星般閃耀的金色斑點

　　青金石雖屬寶石，但並非礦物，而是一種岩石。它是未形成結晶狀態的寶石、內含天藍石或方解石等多種礦物的集合體。

　　相較於其他寶石，青金石的歷史相當悠久，在埃及的圖坦卡門與王室的陵墓中都曾發現使用青金石製成之物。尤其混有黃鐵礦細小結晶的青金石，因其表面布滿閃耀著金色光輝的斑點而美麗不已，被視為最高等級。其外觀令人聯想到繁星閃耀的夜空。

寶石如何形成？

海底的石灰岩因造山運動等而隆起，在受到進入地層之間的岩漿熱能影響下，轉化為大理石。在此過程中，鈉、硫磺、氯與鋁會相遇並產生反應，形成多種礦物。結晶構造相似的藍色礦物天藍石與蘇打石等會形成小型結晶並凝固。

▲ 小型結晶在大理石中凝固後所形成的青金石

▲ 重要的並非顏色的深淺，而是色調是否具深邃感

澄澈的深藍色

青金石是有著深藍色乃至藍色的寶石。這種美麗的藍色自古在日本稱為琉璃色，在歐洲則稱作群青色（Ultramarine）。此外，黃鐵礦的顆粒呈現出星星般的光輝。不具透明感，但是澄澈的深邃顏色令人著迷。

更多迷人的寶石

世界上最古老的礦山

在眾多寶石中，青金石是歷史最悠久的寶石之一，開採史也相當長遠。其中位於阿富汗東北部巴達赫尚省薩雷散格的知名青金石礦山以世界上最悠久的歷史著稱，當地的開採始於約7,000年前。這座礦山至今仍持續營運，將青金石運送至世界各地。

由植物製成的寶石
琥珀（Amber）

DATA	晶系	非晶質	硬度	2～2.5	比重	1.05～1.09	折射率	1.54～1.55
化學結構	$C_{10}H_{16}O$		顏色	亮黃色、淡黃色、藍色、褐色			
主要生產國	俄羅斯（波羅的海沿岸）、德國、波蘭等							

更多迷人的寶石

▲化為化石的樹脂所變成的寶石：琥珀

漂浮在水上的可燃寶石

　　琥珀與珍珠、珊瑚一樣，皆為生物形成的寶石。其本質是樹木所分泌的樹液被埋於地底，歷經3,000萬年以上的歲月緩緩凝固而成的樹脂。其歷史悠久，國外可追溯至西元前3,700年的愛沙尼亞，在日本則發現古墳時代以琥珀製成的勾玉等。

　　琥珀具備樹脂獨有的各種特色。首先是質地輕盈，能夠漂浮在水上。再者，不僅可燃，燃燒時還會散發宜人的氣味，是一種相當獨特的寶石。

寶石如何形成？

琥珀是由遠古植物的樹脂凝結而成。有出現在陸地地層的「礦珀（Pit Amber）」，以及從海岸各處地層沖刷出來被發現的「海珀（Sea Amber）」。此外，琥珀質地輕盈，因此有時是從地層中被沖刷出來後漂浮在海上，從而發現於海岸等處。

▲位於砂泥岩內等處的琥珀

▲內含昆蟲的琥珀也頗受收藏家青睞

有些內含植物或昆蟲

琥珀是一種主要顏色為透明黃色至褐色系等的寶石。此外，琥珀是由樹脂凝結而成，因此可能有植物或昆蟲等混入其中亦為其獨特之處。這些昆蟲在數千萬年前就已經存在，故可從中感受到大自然的奇妙。

更多迷人的寶石

豪華的「琥珀室」

俄羅斯聖彼得堡的葉卡捷琳娜宮內，有間四周環繞著僅以琥珀裝飾的牆壁的房間，稱為「琥珀室（Amber Room）」。第二次世界大戰期間，琥珀室的裝飾連同宮殿內的美術品一起遭洗劫，不過後來投注漫長歲月進行了修復。修復工作於2003年完成並保留至今，為無數的觀光客帶來驚豔與感動。

▶葉卡捷琳娜宮內的「琥珀室」

亦被活用於工業領域的礦物
沸石（Zeolite）

DATA	晶系	依類型而異	硬度	約3~6	比重	1.9~2.3	折射率	1.50
化學結構	\multicolumn{5}{l}{SiO_4 或 AlO_4 的縫隙間混入 H_2O、K、Ca、Na 等}	顏色	\multicolumn{2}{l}{無色、白色、灰色、}
\multicolumn{6}{l}{黃色、綠色、褐色、粉紅色、橙色、紅色}	主要生產國	\multicolumn{2}{l}{日本、印度、美國、巴西等}

▲作為能量石在市面上流通的多為白色

沸石是包括許多成員的家族名

　　Zeolite的日文名稱為「沸石」。沸石中如海綿般有許多小孔與縫隙，裡面含水。這些水經過加熱後，看起來就像石子在沸騰，故得此名。

　　一般來說，沸石是作為家族名來使用的名稱，包括許多成員。比如白色的「鈣沸石（Scolecite）」、柔和粉紅色的「輝沸石（Stilbite，束沸石）」等都很受歡迎，此外，它的離子轉換等特性亦被活用於工業用途。

寶石如何形成？

沸石是火山活動後堆積的火山灰，受地殼變動的巨大壓力影響而形成的礦物。產自有水與熱能之處。雖然形成方式會依類型而略有不同，但無論哪一種都有個共通點：皆為熔岩逐漸冷卻凝固時，熱水滲入其中所生成。

▲沸石的種類繁多，連結晶的形狀也很多樣，有針狀或板狀等

纖維狀的白色光澤鮮豔不已

沸石是具有美麗纖維狀白色光澤的寶石。沸石家族會因單一石子中所混入的礦物質而各呈黃色、灰色、褐色等多樣的顏色。此外，有些還有獨特的紋路。據說性質或結構相似的成員超過50種。

▲每種類型的沸石皆有各自的名稱

日本為沸石的一大產地

在「寶石如何形成？」中已經介紹，沸石是火山灰在壓力或水的作用下形成的。日本列島的火山活動較為活躍，使日本成為天然沸石的一大產地。沸石廣泛存在於綠色凝灰岩（Green-tuff）中，分布於北海道西南部至日本海一帶。尤其是島根縣，以西日本最大、日本國內屈指可數的產地而聞名，位於島根縣的沸石礦床分布於縣內的中部與東部地區，據說年產量高達約1萬5千噸。

更多迷人的寶石

化作寶石的特殊化石
斑彩石（Ammolite，菊石）

DATA	晶系	斜方晶系	硬度	4.5～5.5	比重	2.60～2.85	折射率	1.52～1.68
化學結構	$CaCO_3$		顏色	紅色、綠色、藍色、紫色				
主要生產國	加拿大、美國							

更多迷人的寶石

▲綻放美麗彩虹色的斑彩石原石

散發彩虹色光輝的貝殼化石

化石是生物遺骸在地層中歷經漫長歲月，被礦物取代所形成之物。斑彩石即是這類化石變成的寶石。很久以前，恐龍尚且存在的侏儸紀時期（約2億130萬年前至約1億5,500萬年前），海中生活著一種名為菊石的生物，斑彩石就是源自這些菊石化石的外殼，並在1981年獲認為寶石。

它的最大的特色在於遊彩效應，會綻放出美麗的彩虹色。菊石受到地底成分的影響而表面閃爍著彩虹色光輝，成為名為斑彩石的寶石。

寶石如何形成？

斑彩石是菊石在轉化成化石的過程中，外殼表面的霰石（Aragonite，構成珍珠層的物質）在幾千萬年間受到地底礦物或壓力等的影響而開始出現遊彩效應，耗費大量時間所形成的天然產物。據說世界上最早是由北美大陸的原住民黑腳印地安族人所發現。

▲菊石出現遊彩效應而變成斑彩石

▲除了紅色與綠色外，若再出現藍色或紫色等，稀缺價值會更高

稀有程度會隨著呈現的顏色而異

斑彩石最大的特色在於，石子表面與蛋白石等一樣會散發出彩虹色的遊彩效應。呈現的顏色十分多樣，比如「出現紅色與綠色」、「呈現出三色以上的遊彩效應」等，基本上顏色數量愈多則價值愈高。

獲得寶石認證的斑彩石的產地

世界各地皆有發現菊石的化石，另外還於馬達加斯加島上發現會綻放彩虹色光輝的菊石化石，不過唯有挖掘自加拿大與美國的斑彩石已獲得寶石認證。馬達加斯加產的斑彩石大多褐色底色部分帶有如蛋白石般的光輝，相較之下，加拿大與美國所產的斑彩石則大多有著色調更強烈的外層而顯得華麗無比。

更多迷人的寶石

137

展示寶石、礦物與岩石的博物館

日本各地有許多展示寶石或礦物等的博物館。在此介紹一部分可邂逅寶石或礦物的博物館。

※請於走訪前直接向各個設施洽詢開館日、開館時間、休館日與費用等資訊。

地圖與礦石的山之手博物館

地址／北海道札幌市西區山の手7條8丁目6-1
電話／011-623-3321
HP／https://www.yamanote-museum.com

展示從北海道開採出的礦石與礦物等，以及世界各地的礦物。

久慈琥珀博物館

地址／岩手縣久慈市小久慈町19-156-133
電話／0194-59-3831
HP／http://www.kuji.co.jp/museum

除了於久慈地區出產的中生代白堊紀後期的琥珀外，還有展示國內外的琥珀，是日本國內唯一一座琥珀專門博物館。

產業技術綜合研究所 地質標本館

地址／茨城縣つくば市東1-1-1
電話／029-861-3750
HP／https://www.gsj.jp/Muse/

是一座地球科學專門博物館，展示岩石、礦物與化石等無數標本，亦可學習地球的歷史與地質。

博物館公園 茨城縣自然博物館

地址／茨城縣坂東市大崎700
電話／0297-38-2000
HP／https://www.nat.museum.ibk.ed.jp

展示地球的形成、茨城的岩石與礦物、已發現的各種化石等。

國立科學博物館

地址／東京都台東區上野公園7-20
電話／050-5541-8600
HP／https://www.kahaku.go.jp/

日本館中以透過自學鑽研礦物學的櫻井欽一博士所捐贈的櫻井礦物收藏品為主，展示日本的礦物。

Fossa Magna Museum

地址／新潟縣糸魚川市大字一ノ宮1313
電話／025-553-1880
HP／https://fmm.geo-itoigawa.com

是一座可以學習翡翠等美麗寶石或礦物、日本列島的形成史與地球知識的石子博物館。

博物館礦研 地球的珠寶盒

地址／長野縣鹽尻市北小野4668
電話／0263-51-8111
HP／https://www.koken-boring.co.jp/jwlbox/

從東北大學素材研究所與礦研工業所收集的約6,000件礦物、岩石與化石的標本中，精選出約2,000件來展示。

山梨寶石博物館

地址／山梨県南都留郡富士河口湖町船津6713
電話／0555-73-3246
HP／https://www.gemmuseum.jp/

坐落於最大珠寶產地山梨的寶石專門博物館。廣泛展示著蒐羅自世界各地寶石產地的原石乃至珠寶製品。

中津川市礦物博物館

地址／岐阜県中津川市苗木639-15
電話／0573-67-2110
HP／https://www.city.nakatsugawa.lg.jp/museum/m/

展示以礦物產地著稱的苗木地區所出產的水晶、拓帕石與「長島礦物收藏品」等。

奇石博物館

地址／静岡県富士宮市山宮3670
電話／0544-58-3830
HP／http://www.kiseki-jp.com

透過曲石等不可思議的奇石，介紹石子有趣之處的博物館。亦有介紹富士山的石子。另有附設寶石搜尋設施。

益富地學會館（石子奇觀博物館）

地址／京都府京都市上京区出水通り烏丸西入る
電話／075-441-3280
HP／http://www.masutomi.or.jp

展示日本與世界各地較具代表性的稀有岩石與礦物，是可近距離觀賞石子的博物館。

玄武洞博物館

地址／兵庫県豊岡市赤石1362
電話／0796-23-3821
HP／https://genbudo-museum.jp/

展示自世界各國匯集而來的寶石、奇石、化石與礦物等，可體驗「石子」的神奇世界。

津山自然奇觀館

地址／岡山県津山市山下98-1
電話／0868-22-3518
HP／http://www.fushigikan.jp

是一座自然史綜合博物館，亦有展示無數世界各地的化石類、日本各地的礦石與岩石類。

大步危道路休息站・妖怪屋敷與石頭博物館

地址／徳島県三好市山城町上名1553-1
電話／0883-84-1489
HP／https://yamashiro-info.jp/

展示已獲指定為縣的天然紀念物的礫質片岩等世界各地的貴石。

北九州市立生命之旅博物館

地址／福岡県北九州市八幡東区東田2-4-1
電話／093-681-1011
HP／https://www.kmnh.jp

展示並解說生命的進化歷程與人類的歷史，自然史區則展示礦物與化石。

索 引

（寶石名稱與礦物名稱）

※有登載照片的寶石名稱

英語

Agate ·················· 108～109

Agat ··················· 108～109

Alexandrite（亞歷山大變色石）····· 74～75

Amethyst（紫水晶）···· 52～55，78

Ametrine（紫黃晶）·············· 55

Andalusite（紅柱石）······· 72～73

Apatite ························ 15

Beryl ··············· 28，106，107

Calcite（方解石）··· 15，58～59，130

Chalcedony ············ 110～111

Cinnabar（硃砂）··········· 62～63

Coral ················· 114～115

Cordierite ····················· 77

Corundum（剛玉）··· 15，22～25，30～33

Diopside ······················ 81

Epidote（綠簾石）·········· 94～95

Fluorite ················ 15，46～47

Gypsum ················ 15，96～97

Hawk's Eye ··················· 91

Hematite ············· 16，60～61

Iolite（菫青石）··········· 76～77

Ivory ························ 116

Jadeite（翡翠）··········· 80～83

Lapis Lazuli（青金石）··· 38，49，130～131

Malachite ················ 88～89

Mica（雲母）·············· 98～99

Nephrite（軟玉）·········· 84～85

Olivine（橄欖石）·········· 70～71

Opal ············· 100，126～129

Orthoclase ···················· 15

Pearl（珍珠）····· 34～37，38，78

Peridot（橄欖石）···· 70～71，100

Quartz ················· 15，56

Serpentine（蛇紋石）······ 92～93

Spinel（尖晶石）··········· 44～45

Talc ························· 15

Tiger's eye ············· 90～91

Tourmaline ············ 102～105

Umber ················ 132～133

Zeolite ················ 134～135

2~5劃

人造石 ······················ 124

土耳其石 ···················· 122

大理石 ···· 13，25，45，58，59，131

天藍石 ················ 130，131

天藍拓帕石 ··················· 69

孔雀石 ················· 88～89

方鈉石 ················· 48～49

方解石 ············ 15，58～59

日長石（Sunstone）··········· 87

月光石 ················· 86～87

140

月長石	86
水晶	56〜57
火山岩	13，43，109
火成岩	12，13，33，105，121
片麻岩	13
牛血紅	23
正長石	15，87
玄武岩	13
玉髓	110〜111
白水晶（Rock Crystal）	56〜57
白雲母（Muscovite）	98，99
石灰岩	13，25，45，49，59，109，131
石英	9，15，56
石榴石	78
石膏	15，96〜97
立方氧化鋯	120，124
仿造石	124
仿寶石	124
合成石	124
合成紅寶石	23
合成藍寶石	124
安山岩	13，95
尖晶石	44〜45

6〜10劃

西瓜碧璽	103
含油石英	57
坎特拉蛋白石	127
杉石	112
沉積岩	12，13，47，97，109
沙漠玫瑰（Desert Rose）	97
角頁岩	13
赤鐵礦	16，60〜61
辰砂	62〜63
亞歷山大變色石	74〜75
坡縷石（Palygorskite）	128
帕拉依巴碧璽（Paraiba Tourmaline）	104
拓帕石（Topaz）	15，66〜69，100
沸石	134〜135
泥岩	13，109
泥質岩	73
空晶石（Chiastolite）	73
花崗岩	9，13，77
虎眼石	90〜91
金伯利岩（Kimberlite）	20，21
金剛石	15，18〜21
金綠寶石（Chrysoberyl）	74，75
長石	9，87
青玉	30〜33
青石棉	90，91
青金石	130〜131
帝王拓帕石	68
星光紅寶石	24
流紋岩	13
玳瑁	116
珊瑚	38，114〜115
珍珠	34〜37，38，78
砂岩	13
紅玉	22〜25

141

紅色尖晶石	44
紅柱石	72～73
紅寶石	22～25，31，38，100
苦礬柘榴石	40～43
風信子石	118
剛玉	15，30
海藍寶石	78，106～107
烏拉圭女帝	53
祖母綠	26～29，38，78
粉紅色拓帕石	67
閃綠岩	13
偉晶岩	77，99，105
菫青石	76～77

紫水晶	52～55
紫黃晶	55
紫鋰輝	82
結晶片岩	13
舒俱徠石	112～113
菊石	136～137
象牙	116
鈣沸石（Scolecite）	134
鈣鉻榴石（Uvarovite Garnet）	42
雲母	9，98～99
黃玉	15，66～69
黃鐵礦	16，130，131
黑雲母（Annite，鐵雲母）	98，99
黑曜石	129
滑石	15
電氣石	102～105
瑪瑙	108～109
綠片岩	95
綠色凝灰岩（Green-tuff）	135
綠松石（Turquoise）	100，122～123
綠柱石	26～29，106
綠閃石（Actinolite，陽起石）	85
綠簾石	94～95
翠玉	26～29
翡翠	38，80～83
鉻雲母（Fuchsite）	98，99
廣域變質岩	13，33，77
德里紫色藍寶石（Delhi Sapphire）	53
輝石	80～82
輝沸石（Stilbite，束沸石）	134

11～15劃

彩虹石榴石	41
彩紋（Harlequin）	128
接觸變質岩	13，77
曹長石	87
深成岩	13
蛇紋石	92～93
蛇紋岩	93
蛋白石	126～129
軟玉	84～85
透閃石（Tremolite）	85
透輝石	81
斑彩石	136～137
琥珀	132～133
硬玉	80～83

輝長岩·························· 13，93	鐵礦石·························· 46
鋯石···························· 118〜121	變質岩·························· 12，13
鋰雲母（Lepidolite）······· 98，99	鷹眼石·························· 91
鋰輝石·························· 82	鹼性長石（Alkali feldspar）······ 49
凝灰岩·························· 13，95	鑽石···15，18〜21，38，78，119

16~20劃

橄欖石·························· 70〜71
橄欖岩·························· 93
縞瑪瑙·························· 109
螢石···························· 15，46〜47
錳鋁榴石（Spessartine Garnet）··· 41
燧石···························· 13
磷灰石·························· 15
鎂鋁榴石（Pyrope Garnet）··· 40〜43
鎂橄欖石······················ 71
藍色拓帕石······················ 67
藍柱石·························· 106〜107
藍寶石（Sapphire）···30〜33，38，100
藍寶星石······················ 33
雙色碧璽······················ 103
礫岩···························· 13
蘇打石（Sodalite）······· 48〜49，131
櫻桃紅·························· 23

21~27劃

鐵鋁榴石（Almandine Garnet）···· 41
鐵橄欖石······················ 71

日文版STAFF
【企劃・編輯】淺井精一、竹田政利、本田玲二
【設計・編輯】CD, AD 垣本亨
【插圖】松井美樹
【製作】株式会社カルチャーランド
【支援】小野昌一（株式会社 翔 董事會主席）

【參考文獻】
《邊看邊學 一查就懂的寶石圖鑑》（技術評論社）／《史上最強彩色圖解 專家傳授的礦物與寶石百科全書》（ナツメ社）／《寶石的品質鑑定法與價值判斷》（世界文化社）／《寶石Q&A》（亥辰舍BOOK）／《新訂寶石學必備》（全國寶石學協會）

GO！認識我們的地球
寶石礦物大探索

2025年8月1日初版第一刷發行

著　　者	「寶石的一切」編輯室
譯　　者	童小芳
編　　輯	謝宥融
特約編輯	劉泓葳
美術設計	許麗文
發 行 人	若森稔雄
發 行 所	台灣東販股份有限公司
	〈地址〉台北市南京東路4段130號2F-1
	〈電話〉(02) 2577-8878
	〈傳真〉(02) 2577-8896
	〈網址〉https://www.tohan.com.tw
郵撥帳號	1405049-4
法律顧問	蕭雄淋律師
總 經 銷	聯合發行股份有限公司
	〈電話〉(02) 2917-8022

著作權所有，禁止翻印轉載。
購買本書者，如遇缺頁或裝訂錯誤，
請寄回更換（海外地區除外）。
Printed in Taiwan

MINNA GA SHIRITAI! HOUSEKI NO SUBETE KIREINA ISHI NO NARITACHI KARA UTSUKUSHISA NO HIMITSU MADE
© Cultureland, 2021
Originally published in Japan in 2021 by MATES universal contents Co.,Ltd.,TOKYO.
Traditional Chinese translation rights arranged with MATES universal contents Co.,Ltd.,TOKYO, through TOHAN CORPORATION, TOKYO.

國家圖書館出版品預行編目(CIP)資料

寶石礦物大探索：Go!認識我們的地球／「寶石的一切」編輯室著；童小芳譯. -- 初版. -- 臺北市：臺灣東販股份有限公司, 2025.08
144面；14.8×21公分
ISBN 978-626-379-993-6(平裝)

1.CST: 寶石 2.CST: 寶礦 3.CST: 礦物學

459.7　　　　　114007588